基维·堪达雷里
壁毯艺术

吴敬 / 著

中国纺织出版社有限公司

内 容 提 要

本书从基维·堪达雷里的壁毯艺术研究入手，分别介绍了基维壁毯艺术产生的时代背景，壁毯的工艺特征和艺术风格，以及"基维模式"的壁毯艺术教育及其对中国纤维艺术发展的贡献与影响。本书论述的核心是基维的工匠精神，即"左手画家、右手工匠"。它一方面指出艺术创作中"手"的不可替代性，另一方面诠释艺术在提升工艺层次中的价值和意义。

本书适合纤维艺术和工艺美术研究者阅读，也适合对美术史、艺术及文化感兴趣的人士阅读参考。

图书在版编目（CIP）数据

基维·堪达雷里壁毯艺术 / 吴敬著 . -- 北京：中国纺织出版社有限公司，2021. 7
ISBN 978-7-5180-8692-4

Ⅰ.①基…　Ⅱ.①吴…　Ⅲ.①挂毯—研究—格鲁吉亚　Ⅳ.①TS935.75

中国版本图书馆 CIP 数据核字（2021）第 134137 号

责任编辑：孔会云　　特约编辑：陈怡晓
责任校对：寇晨晨　　责任印制：何　建

中国纺织出版社有限公司出版发行
地址：北京市朝阳区百子湾东里 A407 号楼　邮政编码：100124
销售电话：010 — 67004422　传真：010 — 87155801
http://www.c-textilep.com
中国纺织出版社天猫旗舰店
官方微博 http://weibo.com/2119887771
天津千鹤文化传播有限公司印刷　各地新华书店经销
2021 年 7 月第 1 版第 1 次印刷
开本：710×1000　1/16　印张：13.25
字数：172 千字　定价：128.00 元

一个真正探索壁毯艺术的人，应既是画家又是工匠。

基维·堪达雷里

გობელენის ხელოვნების ქეშმარიტი მკვლევარი, მხატვარიც უნდა იყოს და ოსტატიც

გივი ყანდარელი

序一

  《基维·堪达雷里壁毯艺术》这部经吴敬本人考察、研究，清华大学美术学院和相关院校教授共同指导完成的专著，终于圆满出版。

  基维·堪达雷里不仅是格鲁吉亚杰出的艺术家，还为中国纤维艺术发展做出过卓越贡献，他倡导了"从洛桑到北京"国际纤维艺术双年展，将"左手画家、右手工匠"的工匠精神发扬光大，激发了中国纤维艺术家和学者的创作热情。

  作者吴敬曾有幸聆听基维在中国天津美术学院的讲学授课，得到基维在壁毯艺术方面的指导。与此同时，这些年她带着崇敬与感激之情，走出国门，行至基维的家乡格鲁吉亚、法国纺织之都里昂、让·吕尔萨故居昂热、巴黎戈贝兰博物馆的法国壁毯百年展、欧洲中世纪壁毯重镇梵蒂冈等地，收集、拍摄了大量与基维相关的图片资料，走访了基维的家人、学生、同事和朋友，特别是刘光文先生给予的关爱支持，让吴敬对基维先生有了详细而深入的了解，这些第一手宝贵资料，为她的课题研究奠定了独特、扎实的基础。

  本书作为设计学纤维艺术研究方向个案研究的一项新成果，以艺术家的视角和理论家的思考，对基维的学术思想、艺术风格、教育理念、社会贡献，包括其对中国当代纤维艺术崛起与发展起到的引领、推动作用，做了潜心、系统的研究，对彰显画家与时俱进的工匠精神、提升历久弥新的纤维艺术价值、促进中格两国人民的友好交往等方面皆有助益。

  "路漫漫其修远兮"，在扑朔迷离的天地中，在探索求知的艺术征途上，基维先生倾注一生热爱，留下了众多饱含民族情感的不朽佳作，创造了充满生命力的精神财富。我相信即便斯人已逝，未来仍会有更多学者、艺术家和学生参与其壁毯艺术的研究中。

清华大学美术学院教授、博士生导师

林乐成

2021 年元旦

წინასიტყვაობა I

ცინხუას უნივერსიტეტის სახვითი ხელოვნების და დიზაინის აკადემიის, ასევე სხვა ხელოვნების ინსტიტუტების პროფესორთა საერთო ხელმძღვანელობის დახმარებით, ქ-მა უ ძინგმა საფუძვლიანად გამოიკვლია და შეისწავლა „გივი ყანდარელის გობელენის ხელოვნება", მისი ნაშრომი როგორც იქნა წიგნად გამოიცემა.

გივი ყანდარელი ქართველი გამოჩენილი მხატვარია. მას დიდი წვლილი მიუძღვის ჩინური მხატვრული ტექსტილის განვითარებაში. მისი ინიციატივით დაფუძნდა მხატვრული ტექსტილის საერთაშორისო ბიენალე „ლოზანიდან პეკინამდე". გივი ყანდარელმა „ცალი ხელით მხატვრული, ცალით - ოსტატის" მრწამსი პოპულარული და გასაგები გახადა, ხოლო ტექსტილის ხელოვანთა შემოქმედება, ჩინური ეროვნული კულტურის ტრადიციების გამოყენებით შთააგონა.

წიგნის ავტორს, ქ-ნ უ ძინგს ჩინეთის თიენძინის სამხატვრო აკადემიაში, გივი ყანდარელის ლექციების მოსმენის შესაძლებლობა და მისი გობელენის ხელოვნების შესწავლის ბედნიერება ჰქონდა. ქ-ნი უ ძინგი გობელენის კვლევისას ჩავიდა საფრანგეთში, მონუმენტური გობელენის ტექსტილის დედაქალაქში ქ. ლიონში, ქ. ანჭეში ჯონ ლიურსას სახლ-მუზეუმში, ეწვია პარიზის გობელენის მუზეუმს, სადაც ასი წლის წინდელი გამოფენილი ფრანგული გობელენის ექსპოზიცია მოინახულა. დაათვალიერა ვატიკანი და ევროპის ის ქალაქები, სადაც შუა საუკუნეებში გობელენის ხელოვნება ყვაოდა. რამდენჯერმე იმოგზაურა გივი ყანდარელის სამშობლოში, შეაგროვა მასზე საინტერესო ცნობები და დიდი რაოდენობის ფოტომასალა გადაიღო, ინტერვიუ ჩამოართვა მის ოჯახის წევრებს, მოწაფეებს, კოლეგებს და მეგობრებს. ქ-ნი უ ძინგის მიმართ განსაკუთრებული მზრუნველობა და მხარდაჭერა ქ-მა ლიუ-ყანდარელ გუანვენმა გამოიჩინა, ბ-ნი გივი უფრო სიღრმისეულად გააცნო და დაანახა. სწორედ იქ მოპოვებული ეს მეტად მნიშვნელოვანი მასალები გახდა გივი ყანდარელის გობელენის ხელოვნების

შესწავლის მყარი საფუძველი.

წიგნი წარმოადგენს მხატვრული ტექსტილის ხელოვნების შესწავლის საგანს - როგორც თეორიტიკოსის ასევე შემოქმედი მხატვრის თვალსაწიერიდან გივი ყანდარელის შემოქმედებას თანამედროვე დეკორატიულ ხელოვნებაში. წიგნში ვეცნობით მის ინდივიდუალურ სტილს, თანამედროვე ხედვას ხელოვნებასა და ესთეტიკაზე, პრაქტიკული და თეორიული სწავლების მეთოდებს, რომლებიც ფასდაუდებელია როგორც სტუდენტებისთვის, ასევე პედაგოგებისთვისაც. აღწერილია მისი ტექნიკის განვითარება, მხატვრის როგორც ხელოვანისა და ოსტატის შერწყმა. განსაკუთრებით ხაზგასმულია გივი ყანდარელის წვლილი, ჩინური თანამედროვე მხატვრული ტექსტილის ხელოვნების განვითარებაში და მასში ახალი ღირებულებების დამკვიდრებაში, მისი როლი კულტურის შენარჩუნებასა და აღორძინებაში, ურთიერთ გამდიდრებასა და ახალი გზების ძიებაში, ორ ქვეყანას შორის კულტურული ურთიერთობების ხელშეწყობაში.

დიდი ჩინელი პოეტი ცცუ იუენი თავის შემოქმედებაზე წერდა - „გზა გრძელი და ბუნდოვანია, მაგრამ ეს გზა უნდა განვვლო, რომ დავიხვეწო და შევქმნა!“ აქ ჭიდილია ადამიანსა და ბუნებას შორის. ბატონი გივიც ბევრს ეძებდა, პოულობდა და ქმნიდა თავის შემოქმედებით გზაზე. მისი ყველა ქმნილება სულიერი ჰარმონიის და შემოქმედებითი წვის ერთობაა. მის ეროვნულ სულისკვეთებაზე დაფუძნებული ნამუშევრები მაყურებლისთვის ძლიერ ამაღელვებელია, მან თავისი ხელოვნებით ბევრი საფიქრალი და გასაგრძელებელი საქმე დაგვიტოვა. მერწმუნეთ, მისი შემოქმედების შესწავლა ამ წიგნით არ მთავრდება, გივი ყანდარელის გობელენის ხელოვნებას კიდევ ბევრჯერ ბევრი სტუდენტი, სწავლული თუ ხელოვნებათმცოდნე გამოიკვლევს და შეისწავლის.

პროფესორი ლიინ ლეიჩენგი
ცინხუას უნივერსიტეტის სახვითი ხელოვნების და დიზაინის აკადემია
2021.1.1
თარგმნა ნატალია მაისურაძემ

序二

纤维研究关联的文化

吴敬所著此书十分精彩，阅读后我高度认同她在书中的观点，这本书也在许多方面引起了我内心深处的共鸣。这不仅展现了她全身心投入和深入研究所获得的辛勤劳动成果，也进一步证实了文化交流互动所带来的启示。

长期以来，独特且具有传统特色的壁毯编织技艺存在于不同国家及文化中，被当代艺术充分利用。此书所探讨的跨艺术文化对话，就是一个很好的例子。它联结了不同时代、国家和民族，也体现了与众不同的个性与特色。

20世纪下半叶的欧洲，传统壁毯在戈贝兰家族的工作坊中大放异彩，并且成为从手工艺转变为现代壁毯艺术的例证，这一史实构成本书的研究基础。该书所涉及的纺织传承脉络，始于捷克著名艺术家、教育家安多宁·基巴尔（Antonin Kybal），他向格鲁吉亚人基维·堪达雷里（Givi Kandareli）介绍了现代壁毯的原理和技术。最终，基维不仅成为国际知名艺术家，还是格鲁吉亚现代壁毯学校的创始人和受人敬仰的教师，更重要的是，他被公认是中国当代纤维艺术发展进程中的关键人物之一。

在绘画和传统编织方面，基维将时代发展趋势、苏联独特的工艺美术和对格鲁吉亚文化的深入理解相结合，成为几十年来格鲁吉亚纺织艺术领域中最有影响力的艺术家之一。他的纺织作品被视为从"应用艺术"转变为"艺术"的里程碑，伴随其卓越的艺术成就，基维不仅在格鲁吉亚现代纺织艺术中发挥着巨大作用，还成为中国现代纺织艺术发展中的关键人物之一，这是他艺术和教育经历的重要组成部分。

基维的妻子，格鲁吉亚汉学研究创建者、杰出的公众人物和艺术家刘光文女士，是触发基维进入中国纺织艺术领域的主要动力。从这一点来看，基维与中国的联系或许是偶然的，但从更广的视角来审示他的贡献及影响，基维杰出的成就同样得到其他事实的支持与验证。

中国不仅拥有丰富多样、精湛华贵的传统纺织品，而且有着基于几千年传统和当代国际纺织艺术成就的眼界，以及发展新技艺的强烈意愿和前景。这种态度很重要，它构成了与众不同的当代中国纺织艺术体系。鉴于此，基维成为中西方纤维艺术文化的理想联结点，他在传授分享自己专业知识、教学经验及主张的同时，展现了他的欧洲纤维艺术视角，并反映了古老的格鲁吉亚文化。由此来看，基维在中国创建重要的国际纤维艺术展览——"从洛桑到北京"国际纤维艺术双年展，同时帮助提升展览的国际影响力和发展中国当代纤维艺术，便是很自然的事。

此书主要讲述一位杰出的艺术家、教育家基维·堪达雷里教授及其宝贵的艺术文化遗赠。最难得的是该书作者吴敬曾是基维的学生，如今她是一位纤维艺术家，同时也是一名研究学者，为了获得对研究选题更加深入的理解，她不仅在中国，而且在格鲁吉亚用很长时间进行深入学习与研究。作为她博士论文研究期间的格鲁吉亚导师，我见证了她如何全身心投入研究和如何想方设法做到最好。她的博士论文成为该书的基础，希望书中介绍吴敬的研究，在阅读时能给大家带来兴趣，该书不仅对纤维艺术家及研究者具有重要的参考价值，当然也适用于所有对艺术，文化及发展感兴趣的人士。

萨罗美·兹茨卡里施维里博士
国立伊利亚大学，第比利斯

წინასიტყვაობა II

ძაფითა და კვლევით დაკავშირებული კულტურები

უ ძინგის მიერ დაწერილი ეს წიგნი ორიოდ მიზეზის გამოა საყურადღებო და პირადად ჩემთვის თითოეული მათგანი მეტად ძვირფასია. ერთი ისაა, რომ წიგნი თავდადებული ადამიანის მუყაითობის შედეგია, მეორე კი ის, რომ კულტურების ურთიერთქმედებისგან მიღებული შთაგონების ერთგვარი დასტურია.

სხვადასხვა კულტურებსა და ქვეყნებში, დაზგაზე ქსოვილის შექმნის ტექნიკის ნაირგვარ სახეობებსა და ტრადიციებს ვხვდებით, თანამედროვე ხელოვნებას კი აქვს შესაძლებლობა, ყოველივე ამით ისარგებლოს, შემოქმედებითად გამოიყენოს. ამ წიგნში განხილული საკითხები საუკუნეების, ქვეყნებისა და პიროვნებების კავშირებით განპირობებული სახელოვნებო კულტურული დიალოგის მშვენიერი მაგალითია. მიუხედავად ამისა, მთავარი მოვლენები, რომელმაც საფუძველი შეუქმნა ამ წიგნის საკვლევ თემას, XX საუკუნის მეორე ნახევარში განვითარდა, როდესაც ტრადიციული ევროპული მხატვრული ქსოვილის, კერძოდ კი – გობელენების საოჯახო სახელოსნოსა და მანუფაქტურის, გამოცდილება გარდაიქმნა თანამედროვე 'გობელენის' ხელოვნებად. აქ საგანგებოდ უნდა ითქვას, რომ ქართულ ენაში დამკვიდრებული ტერმინი გობელენი არაა ზუსტი და სწორი, მაგრამ სამწუხაროდ, tapestry-ს შესატყვისი სხვა არ გაგვაჩნია და მას ვიყენებთ.

მხატვრული ტექსტილის მემკვიდრეობითი ხაზი, რომელიც ამ წიგნის თემისთვის მნიშვნელოვანია, იწყება გამოჩენილი ჩეხი მხატვრითა და პედაგოგით, ანტონინ კიბალით. სწორედ მან აზიარა ქართველი გივი ყანდარელი თანამედროვე გობელენის პრინციპებსა და ტექნიკას. თავის მხრივ, გივი ყანდარელი არა მხოლოდ საერთაშორისო აღიარების მქონე გამოჩენილი მხატვარი გახდა, არამედ თანამედროვე ქართული გობელენის ხელოვნების სკოლის ფუძემდებლადაც იქცა და მეტიც – მან უდიდესი როლი შეასრულა

თანამედროვე ჩინური ტექსტილის ხელოვნების განვითარებაშიც.

გივი ყანდარელის დიდი როლი ქართული თანამედროვე ტექსტილის ხელოვნებაში განპირობებულია იმით, რომ მან მოახერხა ეპოქის ტენდენციების, საბჭოთა ხელოვნების თავისებურებების და ქართული მხატვრული კულტურის ტრადიციის შემოქმედებითად გაერთიანება თავის აკვარელებშიც და გობელენებშიც. რამდენიმე ათწლეულის განმავლობაში ის ინარჩუნებდა უდიდეს გავლენას ქართული მხატვრული ტექსტილის ხელოვნებაზე, მისი ნამუშევრები შეიძლება განვიხილოთ, როგორც ტექსტილის ხელოვნების დეკორატიულ-გამოყენებითიდან ნატიფ ხელოვნებად გარდაქმნის ერთგვარი ნიშანსვეტი.

როგორც ითქვა, აღსანიშნავია ისიც, რომ გარდა პირადი შემოქმედებითი მიღწევებისა, გივი ყანდარელი საკვანძო ფიგურად იმ გავლენის გამოც იქცა, რაც მან მოახდინა არა მხოლოდ ქართული, არამედ აგრეთვე – თანამედროვე ჩინური მხატვრული ტექსტილის განვითარებაზე. ეს გარემოება მისი შემოქმედებითი და პედაგოგიური ბიოგრაფიის განსაკუთრებული მხარეა.

გივი ყანდარელის კავშირი ჩინეთთან შესაძლოა, შემთხვევითთადაც ჩავთვალოთ, რადგან ის განპირობებული იყო იმით, რომ მისი მეუღლე, მარგარიტა ლიუ-ყანდარელი, თავადაც გამოჩენილი მოღვაწე, საქართველოში სინოლოგიის დამფუძნებელი და ამავდროულად – მხატვარი, იყო ამ კავშირის დამყარების მიზეზიც და სულისჩამდგმელიც. მიუხედავად ამისა, თუ დავუფიქრდებით გივი ყანდარელის გავლენას და მას უფრო ფართოდ შევხედავთ, ცხადი გახდება, რომ ამ უმნიშვნელოვანეს ფაქტორთან ერთად არანაკლებად იმოქმედა სხვამაც.

ჩინეთს აქვს მრავალგვარი ტექსტილის არა მხოლოდ ათასწლეულების ტრადიცია, არამედ მეტად მტკიცე ნებაც და შესაძლებლობაც, რომ განვითაროს ახალი მიდგომები, ახალი ხედვა, რომელიც დაფუძნებული იქნება როგორც საკუთარ ათასწლოვან ტრადიციებზე, ასევე – დარგის თანამედროვე საერთაშორისო მიღწევებზეც. ამგვარი დამოქიდებულება არსებითია, სწორედ მან შეასრულა გადამწყვეტი როლი და ჩამოაყალიბა თანამედროვე ჩინური ტექსტილის ხელოვნების მრავალფეროვნება.

გივი ყანდარელი გახდა იდეალური მაკავშირებელი რგოლი დასავლური

და ჩინური ტექსტილის კულტურებს შორის. ის არა მხოლოდ საკუთარ, პირად ცოდნასა და პედაგოგიურ გამოცდილებას და პრინციპებს უზიარებდა ჩინელებს, არამედ ევროპული ტექსტილის ხელოვნებისთვის დამახასიათებელ ხედვასაც. ქართული კულტურა თავისთავად მოიცავს სხვადასხვა წყაროებიდან ნასაზრდოებ შემოქმედებითი მუხტს და ამ შემთხვევაშიც, ის ერთგვარ შუამავლად გვევლინება. სრულიად ბუნებრივი იყო ისიც, რომ მეტად მნიშვნელოვანი საერთაშორისო ღონისძიების ჩინეთში გადატანის და ამით – მისი შენარჩუნებისა და აღორძინების, საქმეში სწორედ გივი ყანდარელმა ითამაშა გადამწყვეტი როლი. მისი აქტიური ჩართულობით მხატვრული ტექსტილის განთქმულმა ბიენალემ ჰეჩინში გადაინაცვლა და ახლა განახლებული, 'ლოზანადან ჰეჩინამდე' საერთაშორისო ბიენალე არა მხოლოდ შენარჩუნდა, როგორც მნიშვნელოვანი საერთაშორისო ღონისძიება, არამედ უკვე ათ წელიწადზე მეტია, რაც ჩინური თანამედროვე მხატვრული ტექსტილის განვითარებასაც უწყობს ხელს.

ეს წიგნი გივი ყანდარელზე გვიყვება, გამოჩენილ მხატვარსა და პედაგოგზე, მის მემკვიდრეობაზე. ნიშანდობლივია, რომ ავტორი გივი ყანდარელის მოწაფე იყო, ის თავადაც მხატვარია და ამავდროულად, მკვლევარიც, რომელმაც საკითხის ღრმა შესწავლას მრავალი თვე შეალია ჩინეთშიც და საქართველოშიც. წიგნს საფუძვლად უ ძინგის სადოქტორო დისერტაცია დაედო. დისერტაციის მომზადებაში მეც ვიყავი ჩართული, როგორც თანახელმძღვანელი საქართველოდან და ამის გამო კარგად ვიცი, რამდენად თავდადებულია წიგნის ავტორი, რამდენად დიდი ძალისხმევა ჩადო ამ კვლევაში. იმედი მაქვს, რომ უ ძინგის კვლევა, რომელიც ამ წიგნშია წარმოდგენილი, საინტერესო და სასარგებლო იქნება არა მხოლოდ მხატვრული ტექსტილის მხატვრებისთვისა და მკვლევრებისთვის, არამედ ყველა იმ ადამიანისთვის, ვინც დაინტერესებულია ხელოვნებით, კულტურითა და მათი განვითარების გზებით.

ს. ცისკარიშვილი

სალომე ცისკარიშვილი
ხელოვნებათმცოდნეობის დოქტორი
ილიას სახელმწიფო უნივერსიტეტი, თბილისი

前言

在中国诸多艺术门类中，纤维艺术可谓既古老又年轻，既亲切又陌生，既大众又独特。

说其古老、亲切、大众，是由于这门艺术源自壁毯，无论作为民间传统手工艺还是宫廷艺术瑰宝，它都拥有源远流长的历史文脉。早在公元前1~2世纪，在新疆塔里木盆地的沙漠中，就已发现带有希腊风格的《武士像》缂毛残片。这一历史文物的出土，不仅说明希腊时代就已出现壁毯，并且见证了"丝绸之路"上东西方文化的交流与往来。

世界壁毯艺术发展史告诉我们，欧洲中世纪开启了宗教壁毯艺术的新纪元。人们从未想到生活中随处可见的日用品可以变得如此富有意义和价值，也更未想到教堂和城堡中用来御寒、遮挡的覆盖物，竟然可以成为一部记录历史、人文的珍宝。具有柔软材质的壁毯成为抚慰灵魂、寄予情感和感召精神的独特艺术载体。早期教堂僧侣借此呈现神圣手迹，宣传宗教教义，从而扩大影响力。随着壁毯装饰的应用与推广，它还时常记录家族纹章和王室盾徽，成为社会等级的象征且寓意对权利的拥护，体现君王贵族的显赫地位。不难想象14世纪法国南部、德国和意大利，不计其数的壁毯不仅得到地方商人的热烈拥护，还赢得皇室、贵族和教皇的喜爱，他们不断委派织工进行壁毯创作。直至今日，在欧洲的各大博物馆、教堂乃至私人收藏中，仍珍藏着大量的中世纪壁毯，充分彰显出那个时代壁毯艺术的辉煌。

16世纪，欧洲壁毯艺术发展达到顶峰，弗兰德斯（Flander）、奥德纳尔德（Oudenaarde）、布鲁塞尔（Brussels）等城镇先后成为欧洲壁毯生产中心，其中弗兰德斯织工织作的叙事性壁毯，凭借精湛的编织技艺和复杂生动的色彩画面，颇受瞩目，以至于宫廷画家也参与到壁毯创作中，他们为编织进行图稿设计与绘制，增强了壁毯的艺术性和美感。这一时期的壁毯以完善的手工艺、精致的图案和优美的绘画语言为主要特征，实现了从实用向艺术的迈进。17世纪，由于艺术风格的演变和技术的提升，壁毯变得更加繁缛和写实，达到惟妙惟肖描摹绘画的境界。尤其在法国巴洛克（Baroque）、洛可可（Rococo）艺术潮流的推动下，壁毯被纳入法国皇家壁毯工坊，成为宫廷珍品，其技艺也达到了登峰造极的程度。

然而，模仿绘画终不是壁毯艺术的归宿。以威廉·莫里斯（Willian Morris）为代表的艺术家在19世纪末提出重视材料与手工艺，体现材质美，强调肌理等一系列壁毯艺术创作新主张，打破了壁毯完全复制绘画的模式，令壁毯形式发生了根本改变，一场"艺术与手工"并重的革新运动由此开启。德国国立包豪斯学院艺术设计教育中的壁毯，进一步延伸了这一理念，将几何装饰的壁毯艺术加以推广。现代壁毯艺术开拓者、引领者，法国著名画家、诗人让·吕尔萨（Jean Lurcat），在承认壁毯装饰审美的基础上，对壁毯技艺、内涵、价值、应用以及未来发展作出重要诠释与导向。他的壁毯艺术传播足迹不仅局限于欧洲，还遍及美洲和亚洲等地。在吕尔萨的影响下，20世纪后世界壁毯艺术发展步入新时代。

20世纪中叶，壁毯作为独特而年轻的艺术，其特征开始显现。以波兰的艺术家为代表的东欧壁毯艺术异军突起，他们拓展了材料的种类，将天然材料、化学材料、人工合成材料、现成品材料等运用于壁毯艺术创作中，通过不同类材料的组合，丰富了壁毯艺术的表现形式。革新后的壁毯脱离了平面，逐渐走向立体和空间。在美国，人们对壁毯和织物的理解更多通过"纤维"一词来解析，这一名词早在1963年就被提出，1964年，美国纽约工艺博物馆（现更名为艺术设计博物馆）率先举办了名为《编织形式》的展览，展出了新形式的壁毯艺术创意作品，这无疑说明在当代艺术视角下，将软材料作为艺术表达与侧重，并加以创造的艺术——纤维艺术，已成为新的纺织艺术门类。

同世界纤维艺术的发展历程相似，在中国，纤维艺术的发展也源自壁毯。苏联国家奖（原斯大林奖）获得者、苏联功勋艺术活动家、格鲁吉亚功勋画家、教育科学院院士、第比利斯国立美术学院教授、格鲁吉亚戈贝兰（Gobelin）壁毯学校创始者基维·堪达雷里（图1），20世纪90年代受中央工艺美术学院（现清华大学美术学院）之邀，为中国纤维艺术带来了古典的戈贝兰壁毯编织技艺，此后十几年间，他陆续接受中国各大院校邀请，以"左手画家、右手工匠"的学术理念向广大纤维艺术专业师生传道，让戈贝兰壁毯艺术的种子洒遍中国大江南北，令这门即将在欧洲消失的传统手工艺，在中国大地上迸发出新的活力，并广为流传。

基维从1965年开始进行壁毯创作，是第一个在格鲁吉亚从事壁毯创作的

图1　基维·堪达雷里

艺术家。从绘制画稿、挑选材料、配色、染线再到编织，40年中他亲手创作完成了200多件大小不同的壁毯艺术作品（图2），不仅获得苏联美术届的推崇，还在世界范围内产生了一定的影响，是被国际认可的壁毯艺术家。基维曾先后参加颇有国际影响力的拉脱维亚国际壁毯艺术展（Latvian International Tapestry Art Exhibition）、波兰罗兹纺织三年展（International Textile Art Triennial Exhibition，Lodz）、洛桑国际壁毯双年展（Biennales Internationales de-la Tapisserie de Lausanne）、匈牙利布达佩斯壁毯展（Budapest Tapestry Exhibition）等重要国际展览，并在美国、法国、德国、西班牙、意大利、捷克、波兰、保加利亚、比利时等多个国家举办个人作品展或联展，被国际艺坛形象地誉为"戈贝兰之王"，其代表作品多次作为格鲁吉亚对外友好交流国礼或被国际艺术机构及世界名流个人收藏。

20世纪初，纤维艺术在中国艺术界并未获得广泛而深入的认知，20世纪90年代，基维应邀来华讲学后，才让这门艺术从壁毯开始在中国进行传播。1990～2004年，他先后在中央工艺美术学院、山东省丝绸工业学校（现山东轻工职业学院）、黑龙江大学艺术学院、山东工艺美术学院、中国艺术研究院、天津美术学院、鲁迅美术学院、南京艺术学院、西安美术学院等多所院

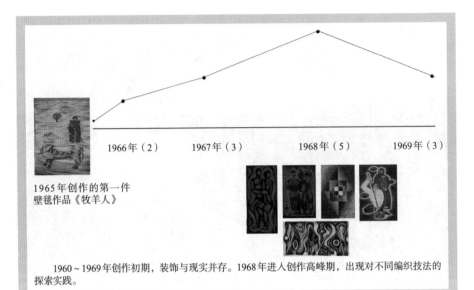

1966年（2）　　1967年（3）　　1968年（5）　　1969年（3）

1965年创作的第一件
壁毯作品《牧羊人》

1960～1969年创作初期，装饰与现实并存。1968年进入创作高峰期，出现对不同编织技法的探索实践。

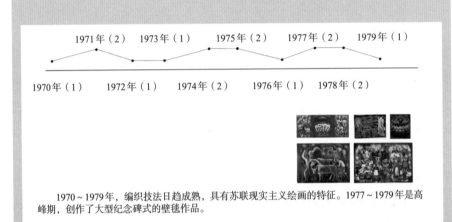

1971年（2）　1973年（1）　　1975年（2）　　1977年（2）　　1979年（1）

1970年（1）　　1972年（1）　　1974年（2）　　1976年（1）　　1978年（2）

1970～1979年，编织技法日趋成熟，具有苏联现实主义绘画的特征。1977～1979年是高峰期，创作了大型纪念碑式的壁毯作品。

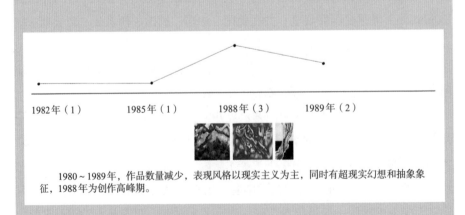

1982年（1）　　　1985年（1）　　　1988年（3）　　　1989年（2）

1980～1989年，作品数量减少，表现风格以现实主义为主，同时有超现实幻想和抽象象征，1988年为创作高峰期。

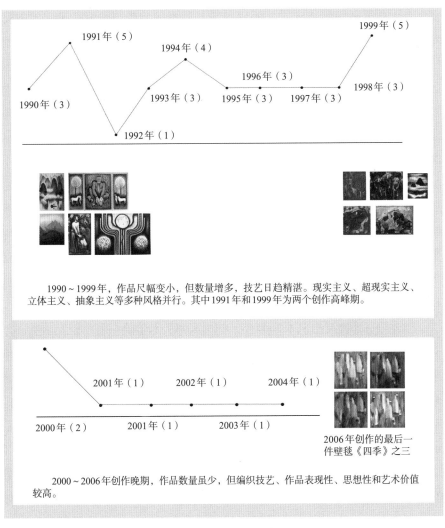

1990~1999年（5）

1991年（5）

1994年（4）

1996年（3）

1990年（3）

1993年（3）

1995年（3）

1997年（3）

1998年（3）

1992年（1）

1990～1999年，作品尺幅变小，但数量增多，技艺日趋精湛。现实主义、超现实主义、立体主义、抽象主义等多种风格并行。其中1991年和1999年为两个创作高峰期。

2001年（1）

2002年（1）

2004年（1）

2000年（2）

2001年（1）

2003年（1）

2006年创作的最后一件壁毯《四季》之三

2000～2006年创作晚期，作品数量虽少，但编织技艺、作品表现性、思想性和艺术价值较高。

图2　基维壁毯创作曲线图

校和山东即墨地毯厂讲学授课，将壁毯艺术及编织工艺带到中国各大院校，有力推动了中国纤维艺术教育的发展。如今，全国已有百余所院校开设了纤维艺术及壁毯编织课，设置了纤维艺术专业及研究方向。纤维艺术教育涵盖高职、本科、研究生、博士、博士后多个层次，甚至连高中美术教材也涉及编织技法的相关教学内容。在基维教育模式的影响下，国内已形成完整的纤维艺术教育体系。

今天研究基维壁毯艺术，不仅是对其艺术的分析与研究，更主要的是对中国纤维艺术发展影响与贡献的总结。作为20世纪90年代来华的国际壁毯艺术大家，基维开启了中国纤维艺术的创作大门。在他的指导下，中国涌现出一批艺术家和教育者走上了壁毯与纤维艺术的创作道路，成为当今中国纤维艺术发展的推动者。除此之外，基维还倡导与推动了中国"从洛桑到北京"国际纤维艺术双年展（以下简称"从洛桑到北京"双年展）。此展自2000年举办以来，两年一届从未间断，不断吸引全球优秀艺术家的壁毯作品在中国展示，也让中国艺术家走向国际，有力地促进了中国纤维艺术的发展，并迅速走向成熟。"从洛桑到北京"双年展如今已成为颇有影响力的纤维艺术学术品牌，在此展影响下，中国纤维作品逐渐获得国际艺坛的认可与赞赏，优秀佳作陆续走出国门，在世界进行巡回展出。"从洛桑到北京"双年展的成功举办，无疑展示了基维壁毯艺术教育在中国结出的硕果，更证明基维以艺术大家的宽广视野，将中国纤维艺术推向国际。

作者与基维教授相识于2004年，作为天津美术学院一名在校大学生，有幸向他学习了戈贝兰壁毯编织技艺。时隔多年，先生认真严谨的治学态度和亲力亲为的工作风范仍历历在目，他对壁毯艺术的深入研究，让我看到并理解了这门艺术的魅力和价值，给我的研究创作指明了方向并带来很大影响。基维教授为人谦和、质朴、真诚，他深厚的艺术素养以及对创作的执着，显示了一名艺术大家的风范。授课后，我认真拜读了2006年出版的《基维·堪达雷里作品集》及学界发表的有关基维壁毯艺术的文章，看到基维各个时期的壁毯佳作，了解他跨越苏联和格鲁吉亚不同社会体制的艺术创作历程，对他的创作观、人生观和学术思想，都有了较为深入的理解。基维不仅让即将消失的法国古典戈贝兰壁毯在格鲁吉亚得以复兴，并且将格鲁吉亚的地域和人文思想融入其中，从而发展成为独特的民族艺术。他对自然和生命的解析，对祖国的热爱以及对人生的求索，全部融入经纬构筑的壁毯艺术中，这一点深深地触动了我。

2016年，作为清华大学美术学院博士生，我将基维壁毯艺术作为主要研究方向。2017年，受国家留学基金委资助赴格鲁吉亚，跟随国立伊利亚大学教授萨罗美·兹茨卡里施维里（Salome Tsiskarishvili）博士进行为期近一年的学习研究。在格鲁吉亚，我进行了广泛而深入的实地考察调研，不仅访谈了基维的家人、朋友、壁毯艺术创作者和理论家，还收集整理了现存的基维壁毯作品及图稿。由于格鲁吉亚长期处于不安定的社会现状，导致基维大部分壁毯作品遗失，目前就他一生创作的200多件作品中，仅留有50多幅作品图稿和实物照片，能看到的壁毯实物只有30余件，大多是他在20世纪90年代之后创作的。

在博士研究阶段，我先后撰写了《绽放的壁毯艺术之花——20世纪90年代基维·堪达雷里的作品解读》《情感的编织、精神的力量——基维·堪达雷里的彼罗斯曼尼之梦》《隐喻在经纬之中的祖国梦——浅析基维·堪达雷里的现实题材作品》等论文，发表于中文核心期刊《艺术工作》和论文集《经天纬地——2018年"从洛桑到北京"国际纤维艺术双年展论文集》中。2018年4月，在乔治·列昂尼兹格鲁吉亚文学博物馆（Giorgi Leonidze State Museum of Georgian Literature）举办的中国纤维艺术巡展暨学术研讨会上，发表演讲论文《独特的纪念碑艺术——基维·堪达雷里70年代作品解读》，表达对基维诞辰85周年的纪念。

本书从基维个案研究入手，探讨基维壁毯艺术的特征及其与欧洲各国、苏联和中国不同时期纤维艺术创作实践的关联。通过对基维学术主张的深入剖析，解读其在中国纤维艺术发展历程中的重要理论指导与实践价值，以期在特定学术视角下，为中国纤维艺术发展提供借鉴与指导。全书共分6个章节，从介绍基维壁毯艺术时代背景开始，循序渐进，依次论述基维壁毯技艺与文化基因，基维壁毯艺术风格特征，"基维模式"壁毯艺术教育和他对中国纤维艺术发展崛起的贡献，层层递进，最终引申出论述核心：基维的"工匠精神"——"左手画家、右手工匠"。一方面指出在艺术创作中"手"的不可替代性，强调"手"工艺文化内涵、人文情怀与精神价值；另一方面诠释艺术在提升工艺层次中起到的重要作用和现实意义，进一步阐述工匠精神与当下中国艺术领域发展中重视手工艺与弘扬民族传统产生的文化共鸣，以及对纤维艺术未来发展的启示。

本书研究特色主要有三方面：

（1）将壁毯研究上升到艺术领域进行论述，而不仅仅局限于工艺。一方面通过图像学的研究方法，将基维壁毯与苏联现实主义绘画和欧洲现代主义艺术进行联系与比较，分析基维壁毯艺术中蕴藏的艺术风格及审美，从而指出任何一个工艺美术分支都是纯艺术的观点。另一方面通过对基维壁毯艺术的研究，延伸到对格鲁吉亚壁画特征及艺术审美的分析，并探讨其中的关联。

（2）对基维从事的"戈贝兰"壁毯艺术给予重新定位，它并非完全等同于法国古典"戈贝兰"，而是将其作为高贵典雅壁毯艺术的学术代名词，区别于民间以实用为主的平织毯。本书着重强调壁毯技艺中的文化基因，也正是基于不同地域出现了不同的壁毯类别及称谓，如埃及科普特（Coptic）地区的科普特壁毯、法国巴黎戈贝兰（Gobelin）区的戈贝兰壁毯、奥布松（Aubusson）镇的奥布松壁毯、从北非到巴尔干地区直至中亚的克里姆（Kilim）壁毯等，这些壁毯的技艺原理大体相似，但由于地域及文化差异，而有了类别之分。

（3）基维"左手画家、右手工匠"的学术主张与中国当下倡导与流行的"工匠精神"产生共鸣。以基维壁毯创作为例，将"工匠精神"外延进行拓展与深入。基维虽然是格鲁吉亚壁毯艺术家，但在壁毯创作中表现出严谨、认真、务实的工匠态度，恰好体现了中国艺术文化界强调的工匠对技艺的信仰与诉求。本书论述跨越不同的时空、地域、民族、文化，强调两者的共性，全面而深刻地揭示工匠精神的本质，升华工匠精神的内涵，以此说明艺术中的工匠精神是被国际广泛认同的价值取向。

本书的研究目的及意义在于：

（1）基维学术思想和教育模式成为当今中国纤维艺术教学的重要参考。

基维点燃了我国纤维艺术发展的火种，为我国纤维艺术教育做出了卓越贡献。如今，许多院校纤维艺术教育建设与人才培养都与基维有着千丝万缕的联系，通过对基维教学模式、教学理念以及教学成果的分析，有利于梳理我国纤维艺术教育发展历程，总结其特征，有助于院校制定合理的纤维艺术教育体系，培养纤维艺术方面的创作人才。

（2）通过对基维壁毯艺术研究，引导学界对当今纤维艺术本质特征的正确认知，探索切合我国实际的纤维艺术发展之路。

与欧美一些国家相比，我国的纤维艺术并没有很长的发展历史，很多艺术家面对这门新兴艺术时有些不知所措，出现了盲目模仿这样不恰当的方式，虽然其中不乏有价值的探索，但也表现出对所模仿的技艺原理缺乏深入理解。同样在具体创作中，虽然创作者对实践充满了前所未有的热情，但并非都能理解材料的本质及其蕴藏的涵义，难免出现不能正确理解纤维艺术的状况。如20世纪80年代之前的壁毯艺术创作，由于工艺与设计处于分离状态，创作者看到的仅仅是设计，导致被横竖交替的经纬限制了创造性。基维为中国带来了西方的壁毯艺术，强调艺术与工艺的紧密关联。他让中国艺术家看到"左手画家、右手工匠"的价值，引发中国艺术家对壁毯艺术发展的深入思考与探索。可以说，中国对现代壁毯及纤维艺术的认知大部分来自基维，对基维壁毯的研究即是对中国纤维艺术发展之源的探究，有利于解析纤维艺术的本质和手工艺的重要性，帮助创作者在面对五花八门、形式复杂的纤维艺术时，不被外在形式所迷惑，而是在掌握工艺的基础上立足于文化性、民族性、思想性等核心价值，以此探索并展望未来中国纤维艺术发展之路。

（3）通过对基维壁毯艺术的分析，拓展对非西方国家艺术及艺术家的研究。

从今天的艺术发展来看，以开放的态度对待世界各国的民族文化遗产，公平、公正地看待全球艺术文化问题至关重要。格鲁吉亚地处亚欧大陆交汇处，历史上与地中海文化和小亚细亚文化发生过不同程度的交融，又受俄罗斯文化的影响。最终发展形成了本民族独特的艺术文化语言，这在基维壁毯艺术中都有所体现。基维的壁毯蕴藏着浓郁的民族精神和气质，独特的高加索情结塑造出与众不同的风格特征。对其梳理、分析、研究能够延伸到对格鲁吉亚艺术文脉及近代历史的理解，提升国内艺术家对该地区艺术文化的认识。

据文献记载，格鲁吉亚首都第比利斯是古代丝绸之路的经由之地。第比利斯丝绸博物馆馆藏有大量的蚕茧和丝绸实物，有文献记载格鲁吉亚古国人们植桑、养蚕、缫丝的生活经历。可见我国提出的"一带一路"倡议，对格鲁吉亚文化艺术研究具有一定的价值和意义。通过对包括格鲁吉亚在内非西方国家的艺术研究，拓展中国艺术家的国际眼光，进一步丰富中国艺术的研究范畴，从而形成正确的学术语言和标准。只有这样才能以科学严谨的态度对待艺术，总体全面地把握世界美术历史。

可见，基维壁毯艺术研究不仅能拓展丰富丝绸之路沿线国家的艺术文化，并且对梳理我国纤维艺术发展脉络、端正对当代纤维艺术的认知和评价具有重要的理论价值和现实意义，这也是此书撰写的目的及缘由。从格鲁吉亚到中国，正如格鲁吉亚作为古丝绸之路的必经之地一样，基维同样将弥漫着传统与现代气息、交织着东方与西方文明、充满民族气概与信仰的壁毯艺术视为一条蜿蜒迤逦的新丝路，谱写出中格文化交流与友谊的新篇章，不断传承且发扬光大。

吴敬

2021 年 1 月

目录

第一章

基维·堪达雷里壁毯艺术的时代背景

第一节 欧洲现代壁毯艺术的兴起

壁毯在拉丁语词条中有缠绕、编织之意，通过转喻将图像与叙事相联系，反映时事、记录历史。因此，壁毯有纪念性的特征。它既能记录历史，反映社会现实，又能承载寓意，融入情感，兼具鲜明的时代感，充满幻想与创造。发端于20世纪的欧洲现代壁毯艺术，在壁毯固有特征的基础上，又增添了艺术表达的灵活性。

两次世界大战造成欧洲社会的动荡和经济生产的破坏，但壁毯艺术却并未因此而消匿。战争结束后，壁毯成为抚慰灵魂、寄予关怀的情感表现所需，艺术家不断将观念建构于柔软、亲和的经纬编织之中，这一时期无论是设计师还是织工，开始对壁毯的艺术语言进行重新审视和解读，并进行一系列的实践探索。在他们的革新与影响下，壁毯中的传统编织技艺得到进一步传承，并且被赋予更多的艺术表现形式。除此之外，壁毯还肩负着特定时代社会赋予的经济、政治和文化使命。它的新艺术样式和价值由此得到全面复兴与发展，成为欧洲20世纪装饰艺术的重要门类。

一、世界大战后壁毯艺术的发展

任何艺术门类的发展不仅受艺术趋势的影响，而且与时代和社会紧密关联，壁毯艺术自然也不例外。两次世界大战给欧洲壁毯产业带来前所未有的破坏，工厂被轰炸，编织工人或流离失所，或被囚禁，原材料短缺等困境不断出现，令欧洲国家的壁毯织造厂艰难地维持生产运营，这一时期只是偶尔出于革命和政治目的而进行壁毯编织，虽然在艺术上并无创新，但为战后壁毯艺术的崛起奠定了基础。

1.欧洲装饰艺术第一次世界大战后的复苏

第一次世界大战后，欧洲装饰艺术进入了复兴阶段。继1925年巴黎世界装饰博览会之后，在公众的强烈建议下，1937年法国又举办了一场颇具规模的装饰艺术展。投资方出于恢复经济的目的，委托艺术家进行以实用性为主的设计，因此大部分艺术家专门为壁毯而创作，绘制实用性画稿，监制壁毯艺术编织。此次展览成功推动了以手工为主编织工艺的发展，唤醒了一代年轻的艺术家振兴壁毯事业的决心。一方面设计师与工艺师相互合作，充分挖掘羊毛织物作为壁毯覆盖墙面的功能，实现壁毯的空间陈设与装饰性，壁毯被不断应用于城堡、酒店、博物馆和会议室等各类公共场所的建筑空间中；另一方面以拉乌尔·杜菲（Raoul Dufy）、让·吕尔萨（Jean Lurcat）等"先锋派"画家为代表的艺术家，鼓励更多艺术家从事壁毯创作，为其增添艺术活力。许多画廊等艺术机构通过与壁毯厂合作，将壁毯织造委托给现有艺术家，如法国成立了"现代采购委员会"（Une commission d'achats moderne），此组织成员包括博物馆馆长、建筑师和美术总监。他们不仅具有现代艺术的眼光，而且意识到传统工艺的重要。通过与染色实验室和壁毯厂合作，将艺术家的草图和绘画织成壁毯，这个职能机构的成立，奠定了艺术与壁毯织造结合的基础。

这一时期的壁毯创作，在艺术表现上呈现两种趋向：第一，创作者在表现中强调丰富多样的花卉、动植物、人物图案以及丰富饱和的色彩（图1.1），并且突显壁毯与装饰空间的联系，试图复苏古典壁毯的样式，枝繁叶茂的田园美景体现了色彩和线条的关系；第二，许多艺术家推出了他们的壁画作品（图1.2），从绘画角度思考壁毯创作，实现了壁毯与艺术的完美结合，具有浓郁装饰风格的绘画作品，经过壁毯编织工艺的改造和处理后产品胜过原作。观念导向下的壁毯艺术创作，得到广泛认同与推广。艺术家参与到具体工艺中，和织工建立富有成效的交流，根据编织技术绘制具有可行性画稿，以近乎纺织组织结构的非具象方式进行创作，激发了织工的技术潜能。

图1.1 《法国加尔瓦尼山》戈贝兰壁毯，1924年

图1.2 《法国1918》
戈贝兰壁毯，1936年

2.壁毯艺术第二次世界大战后的崛起

第二次世界大战期间，壁毯也曾有过短暂的繁荣，如德国当时为装饰宫殿订购壁毯，许多名人绘画被定制后，由壁毯厂完成制作。具有象征意义的原始而颇具装饰性的画风日趋凸显，表现了当时德国统治者对壁毯的浓厚兴趣。这虽然是强制性任务，但也促进了战争时期壁毯艺术的发展。

欧洲经历过战争的创伤之后，重新找到了欣赏并应用壁毯的乐趣。作为纪念性的装饰，壁毯成为安抚战争创伤、纯净人们心灵的艺术，看得见、用得上的壁毯得到快速发展，并被寄予美好的憧憬。比如，法国政府为因保卫国家而献出生命的战士出台一项新的法律政策，奖励为牺牲者修建战争纪念碑。为了满足这种强烈的民族热情，全力拯救国家壁毯织造厂，厂方找到了委托的艺术家进行设计，因此，这段时期频繁地出现了对战争进行再现和对战士功绩进行颂扬的壁毯艺术作品。

在抚平痛苦创伤、重建美好家园的期盼中，欧洲许多艺术家和设计师，将目光转向城市边缘的乡村生活。这是远离战争纷扰的安静祥和之地，美丽的大自然、温暖亲和的阳光，治愈了饱受战争摧残的心灵。在表现这一主题时，壁毯仍延续传统的装饰语言，枝叶繁茂的植被、竞相绽放的花朵，焕发出生机盎然的活力，让人们联想到流行于中世纪的万花斑驳（millefleurs）壁毯。除此之外，战争中来自他国的增援部队，也唤起人们对新世界的探索渴望，异国情调的装饰风格也成为"二战"后壁毯艺术兴盛的主题之一。编织厂不仅创作出一幅幅植被丰富、动植物和谐的生态场景，还加入了充满幻想的印第安文明和阿拉伯文化，表现出浓郁的地域文化和民族风格（图1.3和图1.4）。

二、艺术家的革新

欧洲现代壁毯艺术的发展与艺术家亲自加入编织有紧密关联。现代画家、诗人、装饰艺术家吕尔萨率先走进壁毯工坊，鉴于他对壁毯艺术的热衷探索和织造方法的深入理解，挖掘出传统壁毯技艺的审美特质。在他的引领下，众多艺术家纷纷将目光投向世代相传的古老编织，他们在复兴与传承手工技艺的同时进行新的创造，成为现代壁毯艺术发展进程中的推动者。

图 1.3 《法国殖民地马提尼克岛》戈贝兰壁毯，1945 年

图 1.4 《法国殖民地马提尼克岛》局部

1.让·吕尔萨的开拓

吕尔萨是现代壁毯艺术发展历程中的关键人物之一，他放弃了绘画，投身于壁毯设计中，对现代壁毯的内涵、价值、审美以及未来发展作出重要的诠释和导向，开拓了现代壁毯艺术先河。

吕尔萨首先对壁毯艺术语言进行构建，在承认绘画作为壁毯审美表现基础的同时，又摒弃了完全复制绘画的模式。20世纪30年代，吕尔萨与两位艺术家一起，受法国奥布松镇政府委托，为壁毯织造提供画稿。当时壁毯产业极为萧条，织工生活困难，复杂的图案和颜色会让织造周期变得更长，成本更高。鉴于编织技术特征和经济原因，吕尔萨决定创作新的壁毯艺术语言，进行从设计到织造的一体化改革。当他看到14世纪昂热城堡大型系列组合壁毯《启示录》时，产生了前所未有的震撼。这件中世纪的大型壁毯让他获得新的感悟，认识到现代壁毯无论如何发展，也不能脱离技艺中蕴藏的传统文化，这是现代壁毯的精髓。于是，吕尔萨在传承古典技艺的基础上，开创了独特又简化的形式语言，他使用有限的色线表达丰富的内容，借助编织表现色彩的相互穿插与对比。吕尔萨在画稿的创作中减弱透视，强调平面化的装饰性，用松散的结构强调作品的肌理，既节约成本又新颖独特。除此之外，他还借用现代艺术的表现手法和象征方式进行创作。

其次，吕尔萨尝试建构壁毯艺术的思想性和精神性。作为艺术媒介，壁毯成为沟通创作者和观者之间对话的桥梁，起到传递思想与传播情感的作用。中世纪壁毯《启示录》以壁毯的形式，描绘世界末日来临之时耶稣拯救人类的画面，诠释正义战胜邪恶的真理。吕尔萨对此作的内涵及寓意进行深入理解和思考，于暮年萌生了新的创作理念，即通过壁毯阐明他的世界观和人生历程，传世系列之作《世界之歌》在这样的条件下诞生了（图1.5～图1.8）。从第一个作品《大威胁》（La grande menace）到最后一个作品《圣神的装饰》（Ornamentos Sagrados），吕尔萨用象征与抽象、神秘与恐怖、怪诞与碎片的方式，展现了战争、疾病、死亡给人类带来犹如世界末日般的感受，以及人类用智慧与爱缔造的幸福、欢乐场面，借此传递出对和平世界的无限渴望。正如吕尔萨本人所说："这项创作到很晚的时候才确定，实际上是对人生的回味和总结。"经历了两次世界大战的他，曾直面生死、痛苦、悲惨、绝望等坎坷的人生经历，这一切都混合交织在他的作品中，也许只有柔软的编织才能让饱受苦难的灵魂获得慰藉，让经历创伤的精神获得安抚。

吕尔萨还强调壁毯是空间装饰的重要组成部分。他用壁毯艺术证明了无论是传统《启示录》还是现代《世界之歌》，皆为艺术中的纪念碑。由于受"墙面主义"概念的吸引，吕尔萨拥护建筑大师勒·柯布西耶（Le Corbusier）的观点，认为壁毯是建筑空间中重要的一部分，提出"织物粗糙有活力，也灵活柔软。无论使用任何编织材料都是'重'的，然而这种'重'并不是物质层面的意义，而是所承载的主题，从这个方面来看，他对人类和建筑都是安全的。"吕尔萨的观点无疑说明了装饰织物在建筑中的重要性。此后，吕

图1.5　大型系列壁毯《启示录》

图1.6　让·吕尔萨博物馆壁毯《世界之歌》

图1.7 《白马与死神》
（《启示录》第4部分）

图1.8 《诗》（《世界之歌》第9块）

尔萨创作的全幅尺寸壁毯，更加适用于建筑，并将其应用在教堂中。牧师认
为，由于吕尔萨是无神论者，才会用中立的眼光看待设计，他深谙美的真谛，
并蕴藏着公平与道德的维度。吕尔萨多次收到教堂委派的订单进行创作，这
成为他战后最平静而美好的回忆。法国萨瓦省的阿西教堂非常有名，当教堂
牧师委派吕尔萨为教堂创作壁毯，并介绍壁毯表现的内容是善与恶的斗争时，
吕尔萨想到了充满正义的古典《启示录》，由此创作了20世纪的"现代启示
录"——《天启》（*Apocalypse D'assy*）（图1.9）。作品以象征的方式传达出人
们对真、善、美的渴望，具有强烈的感召力，并渲染出爱与温暖的情境。

图1.9 法国萨瓦省阿西教堂壁毯《天启》

当现代壁毯再次装饰于教堂中时，人们重新感受到信仰的力量。吕尔萨借天然材料柔软与亲和的特质，用颇具装饰感的图像和象征民族的符号来表现他对和平、幸福的希冀，展现他的人生观。吕尔萨是艺术家，同时也是诗人，因此，他的作品带有浓郁的情感特征，通过色彩和形象的塑造，流露出诗意而神秘的氛围。吕尔萨无疑是现代壁毯艺术的开拓者，他对技法的传承，对材料的挖掘、对观念的阐释、对壁毯与空间关系的解析，不仅树立了现代壁毯艺术的审美标准，并且激励了同时代艺术家对壁毯艺术的深入实践与探索，让壁毯作为现代艺术的表现形式之一获得认同与发展。

2.艺术家跨界

早在20世纪30年代末，以法国艺术家为主的欧洲艺术家就开始从事编织绘画的艺术实践。虽然面临着壁毯从属于绘画的批评，但他们仍然得到了让·吕尔萨、拉乌尔·杜菲、马塞尔·格罗梅雷（Marcel Gromaire）、让·杜布勒（Jean Dubreuil）等著名艺术家的认同与鼓励。画廊老板、收藏家不断与壁毯厂建立联系，寻求合作发展的新项目。"二战"过后，画家跨界成为壁毯艺术发展的主流趋势。法国著名画家、野兽派创始人亨利·马蒂斯（Henri Matiss）成为首个加入壁毯艺术中的"先锋派"。他与戈贝兰壁毯厂合作，以编织的方式将油画作品《女人》进行重新描绘（图1.10）。为了更加适合编织，他修改了一些元素来增强画面的装饰感。西班牙立体主义画家巴勃罗·毕加索（Pablo Picasso）于20世纪中叶加入壁毯创作中。他的成名之作《格尔尼卡》描绘了法西斯轰炸西班牙北部巴斯克小镇的惨烈场面，这样直陈悲剧的主题用温润的壁毯加以诠释，不仅渲染了战争给人类带来的痛苦，并为此作品增添了更多的情感及人文关怀。这件作品至今仍悬挂在联合国总部大厦，警示人类远离战争、热爱和平。毕加索始终认为，以平面编织方式创作的壁毯艺术要好于他的绘画原作。自《格尔尼卡》之后，他多次与壁毯厂合作，被委托创作了很多项目。其中受美国收藏家、亿万富翁纳尔逊·洛克菲勒（Nelson Rockefeller）委托编织的壁毯《亚威农少女》（图1.11）是毕加索立体主义的典型代表作。画面中鲜明的对比色彩不仅增强了视觉冲击力，而且极好地发挥了壁毯的色织肌理效果，为壁毯的审美创作提供了可行性。作品以手工编织技法，创作了现代绘画肖像，赋予人物形象以传奇色彩。当人们欣赏这幅作品时，不仅能领略其艺术高度，也会被其独特的材料和精湛的技法表现所吸引。除此之外，毕加索本人也对不同纤维媒材进行尝

图 1.10 　《女人》马蒂斯，戈贝兰壁毯，1947 年　　图 1.11 　《亚威农少女》毕加索，戈贝
兰壁毯，1958 年

试与实践，他常以拼贴的方式将不同纸张打散重组，然后粘贴在画布上，创作完成了许多拼贴式的立体绘画作品。其中《厕所里的女人》就是先以这种方式创作，然后由戈贝兰织造厂编织成壁毯。

　　绘画大师马蒂斯和毕加索对现代壁毯艺术的肯定与支持，引领了许多画家投入壁毯创作中，他们主要分成两大类。一类是以拉乌尔·杜菲等为代表的画家，致力于装饰艺术风格的创作，他们的作品强调丰富的色彩对比和近似平面的装饰效果，给编织带来更多的可能；另一类是以胡安·米罗（Joan Miro）、费尔南·莱热（Fernand Leger）等为代表的抽象画派和机械立体主义，他们认为抽象的几何形式和简单的图形不仅适合于经纬交织的技艺，而且在装饰中更加中立，因此，他们选择了抽象主义的道路。

　　现代壁毯艺术除了具有绘画的视觉语言外，柔软的材料和历经百年传承的纯朴手工技艺又为其增添了温暖感和亲和力。因此，它不仅是视觉艺术，还可以与触觉、温觉等其他感官共同调配。正如古典壁毯装饰宫殿和城堡一样，现代壁毯不仅被画家重新思考，也有建筑师、设计师的参与，法国著名建筑师、画家勒·柯布西耶就是其中之一。

　　柯布西耶不仅是著名的建筑大师，还是画家和装饰艺术家。他的建筑设计具有强烈的功能性和情感特征。当柯布西耶发现全幅尺寸壁毯更加适用于建筑装饰时，便发表了关于"游牧民墙壁装饰"的感言，强调了现代人的生活好比居住在公寓中的游牧民族，由于壁毯便于折叠、存放，因此成为新式墙壁的理想装饰。柯布西耶将自己的许多绘画作品织成壁毯，用于空间展陈（图1.12）。这些作品大多由简单的色彩和线条组成极具平面性和装饰性的画面，在形色之中寻找视觉平衡和视平线美感，为空间打造舒适的视觉效果。

壁毯《联合国》（图1.13）是柯布西耶的代表作之一，至今仍陈设于悉尼音乐学院音乐厅的休息室中，该壁毯作为休息室的墙面装饰，在美化环境的同时营造放松舒适的氛围。在柯布西耶的影响下，众多艺术家的壁毯纷纷走进现代建筑空间，其中富有"东方建筑"之称的华盛顿国立美术馆东馆的改造就是一个很好的例子。改造后的画廊在陈设中多了一个巨幅的壁毯，这是编织工作室用另一种媒介转换了著名画家米罗的绘画作品《女人》，跳跃的色彩让艺术表现更加活跃生动，厚重多样的肌理打造出浅浮雕般的壁毯织物。

柯布西耶的观点不仅延续了古典壁毯的装饰性，并且指明了现代壁毯的存在与归宿。一方面，让艺术家看到了壁毯优越于壁画的功能，可以作为独特的纪念性艺术存在；另一方面，空间的装饰需求让壁毯设计不再满足于对绘画的描摹，而是出现了服务于空间的设计观念。在这种理念的影响下，壁毯发生了从内容到形式的蜕变，它逐渐走出墙面，过渡到立体和空间装置。

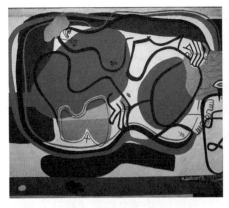

图1.12　《沙发之二》勒·柯布西耶，
　　　　　奥布松壁毯，1963年

图1.13　《联合国》勒·柯布西耶，奥布松
　　　　　壁毯，悉尼音乐学院音乐厅

3. 壁毯艺术的使命

壁毯并非是一门单纯的欣赏艺术。由于历史赋予它的人文角色，材料赋予它的实用和装饰功能，艺术赋予它的观念和审美，让它区别于绘画、雕塑等其他艺术。一方面，壁毯作为受众追捧的高雅艺术品，其市场的繁荣无疑会对一个国家的经济产生重要影响；另一方面，壁毯在各大政治场合的频频出场与文化代言，又令其在国家政治和文化中具有不可忽视的作用。可见，这些"使命"促使了欧洲现代壁毯艺术的兴起。

在经济上，如一直以来将壁毯产业作为国家经济重要部分的法国，其壁毯主要由国家委托授权生产织造。闻名于世的三大壁毯车间自17世纪至今一直保留，并持续使用。这些壁毯厂分别是为满足皇家织造需求的戈贝兰织造厂（Manufacture des Gobelins）、面向私人客户定制的博韦织造厂（Manufacture de la Beauvais）、萨夫内里地毯厂（Manufacture de la Savonnerie）。随着商业的起伏，壁毯厂陆续转为私营部门及个人生产，它们可以接受来自世界各地的订单和委托，这不仅促进了壁毯艺术的发展兴盛，并且推动了法国文化产业的繁荣。

无论是传统还是现代，壁毯由于细腻繁缛的工艺，精致华贵的艺术表现，被欧洲乃至全世界看作奢侈品。在国外购买这些奢侈品，不仅价格昂贵，还会造成货币流失。国家的财富取决于可用的贵金属数量，当以铸币金属形式出现的货币流通大幅减少时，必然会限制本国市场交易，从而限制本国工商业的增长，因此有必要尽可能地限制它们外流。相反，如果本国有生产奢侈品的能力，奢侈品贸易便不会造成金属货币的大量流失。可见，壁毯织造厂的存在成为每个欧洲国家发展经济的支柱，这些工厂因其所具有的特殊性，成为国家贸易服务管理型经济体的一部分。

壁毯由于保暖、吸声、隔音等功能常被用作城堡和教堂的重要陈设物。由于其便于折叠和携带，常常在重大的场合作为展示烘托节日氛围。在国家政治文化中，传统家族的徽章式壁毯是国王身份与地位的代表，也是王宫贵族的象征，充满寓意的代表性纹饰时常被垄断，织造厂和织工也被皇家占有。现代壁毯在装饰中保留着国家形象的特点，在重大仪式和外交会议期间，壁毯具有提升国家威望，扩大国家文化辐射的意义。壁毯织造厂致力于为国家服务，将壁毯作为宫殿等重要公共建筑的装饰，或作为官方礼品。如法国著名壁毯艺术大师让·吕尔萨创作的壁毯《大公鸡》便被作为国礼，该作品运用传统奥布松工艺编织而成，在一定程度上诠释了法国文化及信仰。20世纪70年代，当乔治·蓬皮杜（Georges Pompidou）总统访华时，将法国著名艺术家让·皮卡尔·勒杜（Jean Picart Le Doux）的奥布松毯《亚马逊河》作为国礼赠送给中国。可见，壁毯作为中法两国友好往来、互赠的礼物，不断增进了两国人民之间的情感与友谊，在提升国家文化影响力方面也起到了至关重要的作用。

总体来说，两次世界大战是欧洲现代壁毯艺术发展的重要转折点，无论是现代壁毯艺术担负的使命、战争对于创作表达主题的丰富，还是战后由艺术家跨界和改革带来的多元化创作形式与艺术形式感的加强，都奠定了壁毯艺术发展的总体趋向，并且带来了欧洲壁毯艺术的全面复兴。这为艺术家的壁毯创作营造了良好的契机，格鲁吉亚艺术家基维·堪达雷里便是其中之一。

第二节 盛行于苏联的壁毯艺术

20世纪60年代，以法国为主的西欧艺术家正如火如荼地从事壁毯设计的时候，东欧的一些艺术家也开始了别具一格的新壁毯艺术探索。第一届"洛桑国际壁毯艺术双年展"（以下简称"洛桑展"）中，东欧艺术家的创作便引发了壁毯艺术界的广泛关注，他们异军突起，打破了传统艺术家和织工之间的合作关系，给严格限定在框架中的形式探索带来了突破。这些创作者自己设计、自己编织，革新了经纬线原本有序的组织。传统层面上艺术家和织工的关系被新型的壁毯艺术家所替代，正如在第四届"洛桑展"发表的《洛桑公报》（Gazette de Lausanne）中提到："未来的壁毯艺术将产生在波兰"，对包括波兰在内的东欧壁毯艺术给予充分肯定。这些国家的艺术家们认识到编织形成的魅力和价值，在继承传统的基础上，进行技法革新，增强了壁毯中的情感张力和审美语言。

除波兰外，以爱沙尼亚、拉脱维亚、立陶宛、乌克兰、白俄罗斯等为代表的壁毯艺术也呈崛起之势，两次世界大战虽然摧毁了这些国家的纺织机械和厂房等设备，却为艺术家亲自编织创造机会，加之诸多国立艺术学院的教学将工艺与美术紧密联系，因此大部分艺术家都熟悉壁毯的工艺流程。他们通过不断实践进行新探索，不仅拓展了传统材料的范畴，而且选择综合编织技术进行无限创意，最终给作品带来了巨大变化。创作者对壁毯艺术的重新解析，使其不再按照具体的图形、技术、空间需求来限定，塑造出比功能更重要、更加接近艺术本身的新形式壁毯。

东欧壁毯艺术家的创作引领了欧洲壁毯艺术的新趋向，并且对苏联壁毯艺术的发展产生了极大的推动作用。20世纪60年代，苏联壁毯艺术作为装饰与应用艺术的一个重要门类获得发展并逐渐兴盛。在苏联的装饰艺术展览中，纺织、壁毯异军突起，表现出强烈的艺术特征与创造性，这些作品蕴藏着悠久的历史文脉，并受到外来工艺的影响，在不同观念、文化、技术的交织碰撞中，建构出独特的壁毯艺术。

一、东欧壁毯艺术的推动与影响

现代壁毯艺术发端于法国，之后迅速遍及欧洲各个国家。"壁毯艺术家"作为一个新称谓开始出现，地方壁毯学校及壁毯专业纷纷建立。波罗的海三国、乌克兰、白俄罗斯和摩尔多瓦等国家，自古就有女人纺线和编织的民间传统。早在农耕时代，她们就将羊毛纺成毛线进行染色，或将整团的羊毛染色，擀毡成美丽的壁毯、地毯或其他实用品，成为生活中美的缔造者。几何形的组构，天然染料染色，传承了几代人的设计审美和价值观，她们一代代繁衍生息，开创了独特的民间编织文化，并赋予现代艺术家深厚的创作土壤。并入苏联后，他们在传承编织文化的同时，也向其他加盟共和国进行推广传播。

从编织工艺脱颖而出的壁毯艺术家，成为掌握工艺的艺术创作者。这一点区别于以法国为代表的西欧壁毯艺术家，同时也影响了苏联加盟共和国的壁毯艺术。鉴于工匠具有丰富的经验，因此苏联大部分壁毯艺术家擅长编织，他们自由选择纱线、染色，最大限度利用编织的所有可能。除了剪羊毛、纺纱外，还从天然植物如花朵、叶子、根、苔藓、树木和矿物质泥泽、铁矿中寻找丰富的色彩并提炼。艺术家们用可视、有形的纱线充分展示出"自由的色域"，从设计到编织，在创作过程中不断对原始草图方案进行完善。材料在壁毯中起到重要作用。艺术家为了创造新的结构和肌理而转向综合材料的探寻，剑麻、绳子、皮革、马毛和金属线等皆被纳入壁毯编织的范畴，且通常和传统材料麻、棉、丝一起，让壁毯表现产生多种变化。在光滑和粗糙、密集和稀疏、璀璨和暗哑的形式中，创造出和谐与对比之美。无疑,艺术家本人从事壁毯创作,极大地拓展了他们的创造力。

东欧壁毯艺术家的艺术实践,将苏联的壁毯艺术家引入一个更加宽松的编织系统,他们通过对编织肌理与表面塑造效果进行思考研究,来揭示纤维的结构与本质特征。创作者脱离了编织框架的严格限定,改变了绘制织物和模仿壁画的陈旧思维。比如,从覆盖经线的传统编织技法中尝试引入新的技艺,从而将经纱和织物的结构变得可见,或用粗针和细针交替编织产生一个连续的流动,更好地展示织物表面和内部之间的关系……材料的拓展与技艺的丰富令壁毯不仅仅局限于平面,而是成为立体凹凸和空间艺术。曾是墙面组成部分的壁毯,在东欧艺术家的手中变成了独立的三维形式,他们从空间感受、时间和物体内部结构出发,进行从布面绘画到纺织雕塑的一系列实践创作,壁毯被意外发现有取之不尽用之不竭的可塑性,成为综合艺术的表现形式,并且拥有一些风格流派的特征(图1.14、图1.15)。

东欧的壁毯早在20世纪60年代就已普遍用于空间环境中,并且成为现代建筑装饰的一部分。在创造方面,壁毯艺术家经常充当画家、织工、雕塑家的角色,处理材料和艺术表现的关系;在装饰和实用方面,他们又充当舞台设计艺术家和建筑师的角色,处理形式和空间的关系。受东欧壁毯艺术的影响,苏联的壁毯艺术家通过对传统壁毯工艺的变革,引导其对建筑形式进行大胆实践,令壁毯完成了从实用装饰到纪念碑艺术的转变(图1.16)。著名画家莱热曾预言,现代壁毯和谐地融合了三类艺术:绘画、雕塑和建筑。因

图1.14 《欢乐》亚麻、玻璃,1973年

图1.15 《旅行者的日记》羊毛、亚麻,1974年

图1.16 《领导人列宁》7000cm×350cm，1974 年

此，壁毯艺术的发展除了艺术与审美水准的不断提升外，还要满足不断变化的空间，以适应不同建筑装饰的需求。可见，苏联艺术家的编织实践让壁毯超越了工艺层面的认知，上升到了艺术的高度。他们的作品不断突破传统，融合多种材料和手工技艺，成为独特的艺术品。

　　苏联壁毯秉承了艺术家吕尔萨的"墙面主义"理念，具有空间应用与装饰功能，陈设于餐厅或休息室中的壁毯显得缓慢而放松；娱乐场所中的壁毯欢乐而兴奋的场景；会议室或议会厅等的壁毯庄严而集中。除了空间装饰外，有些大型壁毯还具有纪念性的艺术特征，其公共性、教育作用尤为凸显。将有价值的社会内容、充满观念的符号、象征性的装饰进行融合，以达到纪念性的艺术任务（图1.17）是苏联纪念碑壁毯的主要特征。它明显区别于西方艺术家普遍认为的"创造性艺术的实践目的是试图阐述自我表现的过程"，苏联艺术家的壁毯创造总是渗透着人类最主要的观念和为人类及社会服务的价值观，将关乎人类的重大问题作为壁毯的表达核心。可见，苏联壁毯艺术一直延续十月社会主义革命胜利以来所强调的艺术理论和创作观念主流，从人民利益出发，站在公众的角度评价艺术成就。艺术的主要任务是为共产主义艺术文化和苏联人民需求而服务。在经历为满足贵族和精英流派的设计阶段后，苏联的壁毯艺术变得更加多样，作为公共环境设计及装饰的一部分，壁毯同其他装饰艺术一样，集中体现大众诉求和社会审美取向。

图1.17 《以和平名义》320cm×260cm，1975年

20世纪中叶，民族主义观念在波罗的海三国艺术家的创作中日益凸显，他们开始寻找文化认同。在纺织方面，大量的文字记录了女性在民族遗产方面的传承，主要体现在服装及其他编织物中。有些地方建立了国家手工艺机构或私立手工编织学校，培育了一批杰出的手工艺者，手工创造在现代艺术中得到传承发展。将编织与百年文化相结合，不可避免地引入传统工艺，尤其是波罗的海三国的艺术家，从来没有违背本民族的编织法则，"用最高情感话语奉献给传统手工艺，通过珍贵的肌理揭示了最深层次作品的诗意"成为波罗的海国家壁毯艺术的典型特征。受东欧壁毯艺术的影响，苏联其他加盟共和国的艺术家以各种形式传承国家的工艺遗产，丰富了民族文化内涵，拓展了文化范畴，为壁毯艺术创作积累了丰富经验。比如，在俄罗斯，艺术家常将古典民间刺绣、壁画和微型画转换成壁毯；在格鲁吉亚，来自东北部图晒提（Tusheti）的传统厚毛毡与现代壁毯艺术一同创新发展，以基维为代表的格鲁吉亚艺术家在壁毯创作中不断受民间服装、古典壁画及构图形式的影响；在乌克兰和摩尔多瓦，艺术家的创作受到古代马赛克壁画和传统克里姆壁毯装饰的影响；在立陶宛，艺术家创作了许多带有民间神话传说和绘画形式语言的壁毯。

二、拉脱维亚国际壁毯艺术展及其意义

20世纪中叶，苏联大力推进民间手工艺的发展，包括壁毯在内的苏联装饰艺术展不断获得世界关注与赞誉。这不仅促进了民间装饰艺术的发展，并且让艺术家重新认识到民族品质的可贵和弘扬民族精神的重要。面对各个加盟共和国日益兴盛的壁毯艺术，由苏联艺术家联盟、苏联文化部和拉脱维亚艺术家联合举办的国际壁毯艺术展于1974年在里加（Riga）举办。参展者主要以各个加盟共和国的艺术家为主，其中拉脱维亚艺术家的作品比较突出，这些地区的民间壁毯有着上百年的历史传统，在苏联壁毯艺术发展中起到了重要的推动作用。第二届展览除了来自苏联加盟共和国的艺术家参与外，还有来自东欧和亚洲一些国家的壁毯艺术家。展览中，亚洲传统地毯文化与欧洲现代壁毯艺术相互碰撞、交相辉映，推动了壁毯艺术向多样化方向发展。拉脱维亚国际壁毯艺术展的举办标志着苏联各个加盟共和国的壁毯艺术逐渐走向成熟，并且成功诠释了苏联现代壁毯艺术的特征（图1.18）。

首先，拉脱维亚国际壁毯艺术展清晰地表达了艺术家对纺织艺术的深入

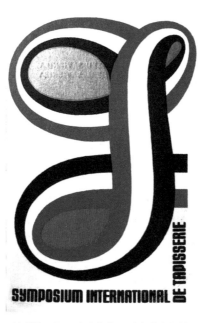

图1.18 拉脱维亚国际壁毯艺术研讨会邀请信封面，1974年

实践与探索。首届展览展出的作品以平织毯为主，从欧洲传入的戈贝兰毯、奥布松毯和克里姆毯等较为常见。材料选择上大多运用天然材料，如棉、麻和毛，也有在天然材料基础上加入人造纤维，以形成对比，增添趣味性。展出作品虽然仅有十几件，但却获得强烈反响，让人们第一次看到如此常见的材料凭借精湛的手工艺所塑造的与众不同的艺术效果。艺术家传承着古典技艺，将浓厚的地域文化和民族精髓融入其中。从第二届展览开始，艺术家着重强调织造技术固有的美感，尝试解决材料、形式与装饰之间的关系。除了传统技艺外，他们还广泛运用新型材料和技术，以此创作了丰富多彩的壁毯艺术。

其次，拉脱维亚国际壁毯艺术展的作品表现多样化，充满了现实意义。将编织与叙事、象征以及复杂的哲学思想相联系，具有广泛而深刻的思想性。比如，格鲁吉亚壁毯艺术家基维创作的《十月旗帜》（图1.19），通过一面面旗帜的聚合与叠加，象征苏联各加盟共和国强大的凝聚力。拉脱维亚艺术家鲁道夫·赫玛瑞特（Rudolf Heimrat）用羊毛编织出女性柔美而抒情的形象，凸显了优雅浪漫的情感特征，表现出社会主义的思想观念（图1.20）。拉脱维亚国际壁毯艺术展呈现出苏联壁毯的两种典型表现方式：一方面广泛的情节和叙事性表现，主要被格鲁吉亚、阿塞拜疆、摩尔多瓦以及亚洲等国的壁毯艺术家使用（图1.21）；另一方面是抽象或复杂的象征语言，主要被波罗的海三国的艺术家使用（图1.22）。

苏联各加盟共和国的壁毯学校也是展览中一道亮丽夺目的风景线。拉脱

图1.19 《十月旗帜》基维·堪达雷里，1969年

图1.20 《劳动》鲁道夫·赫玛瑞特，1970年

图1.21 《狩猎》德·乌米多夫，136cm×214cm，
吉尔吉斯斯坦，1968年

图1.22 《琥珀之乡的赞歌》，
约扎斯·巴尔契柯尼斯，
300cm×200cm，立陶宛，1973年

维亚、立陶宛、乌克兰、白俄罗斯、格鲁吉亚、亚美尼亚、阿塞拜疆以及俄罗斯创办了专业的壁毯学校，这些学校培育的艺术家始终传承着几百年的传统文化，并且坚守现代艺术的特点，在国际壁毯艺术展中表现突出。他们以高超的技艺，对苏联的壁毯艺术进行发扬和推广，表现出鲜明的时代感和创造性。

20世纪70年代中后期，世界壁毯艺术出现了新的纺织形式，即"迷你壁毯"。这种风格开始于1975年，在第七届"洛桑展"的策划中，来自各国艺术家的草图展览，包括小型壁毯、纺织碎片、纺织技术样品等得到了组委会的一致赞同，1976年，这种展览陆续在英国、匈牙利、美国等国家举办。纺织碎片虽然小，但作为独立的艺术作品，能够充分体现艺术家对纤维的认知和创意。受国际壁毯发展趋势的影响，1977年，拉脱维亚国际壁毯艺术展将参展作品的形式定为迷你型壁毯作品，地点转移至立陶宛。

拉脱维亚和立陶宛国际壁毯艺术展的举办，促进了苏联壁毯艺术的发展，通过交流与推广，在国内外产生了深远的影响，许多带有强烈表现观念和综合技术的壁毯不断走入空间环境。莫斯科、基辅、圣彼得堡、里加、塔林、第比利斯等地的博物馆、酒店、俱乐部及其他空间都装饰有各种壁毯。在某些情况下，艺术家着重考虑壁毯陈设与空间环境的关系，将织物与建筑空间同时进行设计，而不是把现有壁毯放在装饰好的环境中（图1.23、图1.24）。

图 1.23 《水与沙的旋律》陈设于　　　　图 1.24 《扬帆》陈设于河站餐厅，
尼林加尔酒店，维尔纽斯，1974 年　　　　　　圣彼得堡，1975 年

　　各类壁毯艺术作品在拉脱维亚和立陶宛国际壁毯艺术展中竞相呈现，不仅在苏联艺术界产生了强烈的反响，同时也获得了国际壁毯与纺织艺术界的认可。20 世纪 60 年代初，在"洛桑展"中，来自东欧国家的艺术家的作品呈现出与西欧国家、美国、亚洲国家不同的特色，为此国际著名壁毯艺术家吕尔萨到波兰、捷克斯洛伐克、南斯拉夫等地考察，了解当地的习俗文化和壁毯艺术的发展状况。拉脱维亚国际壁毯艺术展之后，苏联的壁毯艺术更加引人注目。首先在社会主义联邦制国家中获得好评，1974 年，"现代苏联壁毯艺术展"在捷克斯洛伐克获得巨大成功，艺术家的作品在德意志民主共和国埃尔富特（Erfurt）举办的国家应用艺术展中获奖。随着交流的不断拓展，苏联优秀的壁毯作品被不断推荐参加国际壁毯艺术展览。立陶宛国立美术学院教授约扎斯·巴尔契柯尼斯（Juozas Balcikonis）、拉脱维亚里加美术学院教授鲁道夫·赫玛瑞特、鲁塔·博谷斯多瓦（Ruta Bogustova）以及格鲁吉亚第比利斯国立美术学院教授基维·堪达雷里，由于他们的艺术作品在苏联颇具影响力，并且在展览中屡获佳绩，因此被推荐参加洛桑国际壁毯艺术展。他们的作品跨越国界，赢得了良好的国际声誉。比如，鲁塔的空间壁毯作品《音乐》参加第七届"洛桑展"。鲁塔在苏联壁毯艺术领域中独树一帜，她的壁毯作品形式不再局限于二维，而是塑造了高低错落的立体造型——风琴管，且覆之以几何装饰表面以及和谐的暖色调，通过视觉和触觉的感官调

动，展现出动人的韵律和节奏，将无形的音乐转变成可视、可触的艺术装置，渲染了广阔而富有诗意的空间气氛。基维的作品《彼罗斯曼尼之梦》参加了第十届"洛桑展"，当巨型壁毯悬挂在展厅中央时，所有人都无法想象是创作者亲手编织的，他在现实主义风格中融合了超现实的意境、用欧洲古典的戈贝兰壁毯技艺塑造出独树一帜的格鲁吉亚纪念碑式的艺术，在复兴传统的基础上，完成了对技艺的创新与突破，很好地诠释了国家文化和民族精神。

三、基维壁毯艺术与第比利斯国立美术学院

20世纪20年代是苏联绘画艺术的活跃时期，这一时期艺坛出现了很多有影响力的画家，形成异彩纷呈的局面。然而，由于缺乏统一的纲领，他们分散在不同的协会和组织中，在面对多样的绘画风格和纷繁复杂的艺术问题时，出现了各抒己见的局面。传统现实主义在经历漫长的时代之后，受到了抽象绘画和新形势探索的挑战。新绘画艺术风格的支持者否定美术的认知功能和现实性，这种艺术现象引发了苏联政府的关注，为了巩固高等院校中的现实主义风格油画、雕塑和建筑等艺术，政府增建了新的美术学院，以便加强现实主义的教学力量，格鲁吉亚第比利斯国立美术学院就是在这样的情形下于1922年创建。它不仅是高加索地区的第一所专业艺术院校，而且与俄罗斯列宾美术学院、苏里科夫美术学院、拉脱维亚里加美术学院并列成为当时苏联"四大美院"之一。

这所学校在建院之初致力于现实主义风格，努力让艺术家创作出满足人民需求、推行适合大众审美的艺术作品。除了发展传统现实绘画和雕塑外，还出现了满足建筑空间的装饰壁画。随着苏联工业的推进，公用和民用建筑得到快速发展，大型公共空间的建设少不了壁画的参与，壁画艺术在苏联艺术界得到快速发展。第比利斯国立美术学院壁画专业教师有丰富的经验和深厚的造型功底，这一时期出现了许多有名的壁画家，他们用包括软材料在内的综合材料创作丰富壁画的表现语言，从而推动这一艺术的发展演进。

基维1950年考入第比利斯国立美术学院陶瓷专业，恰逢艺术界掀起由综合材料壁画引发的对工艺美术重视的浪潮。这一时期，手工艺在格鲁吉亚艺术领域获得了重要的地位。除了陶瓷之外，美术学院陆续引入金工、

纺织专业，20世纪60年代又增加了毛毡、玻璃、木工、珐琅等工艺，在对传统手工艺复苏的同时，也体现出对当代艺术的新创造。在著名工艺美术家、画家大卫·茨茨施维里（Dvait Tsitsishvili）教授的建议下，第比利斯国立美术学院将原属于造型艺术学院和建筑学院的工艺美术部分抽出，专门组建了一个新的学院，即装饰艺术学院。这个学院主要包括陶瓷、纺织、家具、时装、书籍装帧和金属工艺等专业，学院的诞生让第比利斯国立美术学院由专科院校提升为美术大学，装饰艺术学院的成立挽救了第比利斯国立美术学院。

研究生毕业后，基维成为陶瓷专业的教师，当时的陶瓷专业从属于绘画系，因此基维不仅掌握了娴熟的技艺，还具有扎实的绘画基本功，他主要致力于以彩绘瓷为主的陶瓷门类。格鲁吉亚自古就有传统的陶瓷工艺，民间的实用性陶瓷器非常繁盛。这让基维在创作陶瓷的同时也对格鲁吉亚民间文化有一定研究，这为他日后创作壁毯打下了深厚的基础。正是由于他的绘画功底和对民间装饰及工艺的深入了解，在装饰艺术学院成立不久后，被授聘请成为染织设计系教师，主要从事图案的讲授。虽然这是一门跟陶瓷图案类似的课程，但基维却认为染织和陶瓷毕竟是两个不同的领域，应该有本质的区别。为了更加深入地理解染织，在一个合适的机会，他被派到捷克斯洛伐克，在布拉格美术学院染织设计系跟随著名戈贝兰壁毯大师安多宁·基巴尔学习了7个月的戈贝兰壁毯编织。正如苏联艺术理论家塔提亚娜·斯蒂扎诺娃（T. K Strizhenova）在1981年出版的《基维·堪达雷里的壁毯作品》一书中所提到的："这位年轻的画家被柔软的线和编织画面迷住了，一下子投入编织王国中，一做就是40多年，无论社会形势如何变化，条件多么艰苦，他都没有放弃。"由于第比利斯国立美术学院一直有以综合材料进行壁画创作的传统，因此基维选择用平织毯来呈现壁画般的艺术效果。可以说，他从软材料的角度，对壁画艺术进行了独特的解读与诠释。

基维在布拉格美术学院学习期间，第比利斯国立美术学院从莫斯科调来一位年轻的染织专家，成为第比利斯国立美术学院染织系主任。然而，他对编织的认知过于理性，采用严谨的逻辑和程式化方法教学，却忽视了其艺术特征。比如，过于强调染色方面的知识，要求学生学习化学；在地毯方面的教学中只考虑工艺，试图将染织变成化工系和地毯厂；他要求学生创作的图案全是形式统一的装饰纹样，抹杀了学生的创新和积极性，也令第比利斯国立美术学院染织设计的发展一度进入低迷阶段。基维学成后回到第比利斯国立美术学院，及时纠正了这种错误的认知。他不仅带来了新奇而独特的欧洲戈贝兰编织技艺，并且改变了死板教条的教学模式，令染织这门传统的手工艺，从艺术角度出发，自由地进行设计创新。

基维为第比利斯国立美术学院带来了一门新的装饰艺术——戈贝兰壁毯，并使其获得了快速而全面的发展。他在教学中除了理论授课外，还让学生从实践技术方面亲自动手，极大地调动了学生的积极性。在基维的教学改革下，学生首先学习平织法，然后学习蜡染、擀毡法，最后学习戈贝兰编织，绘画课程伴随始终，成为壁毯创作中必不可少的功底。这是一套循序渐进的教学模式，学生可以据此，按照学期进度逐渐开展研究。从事毕业设计的学生在戈贝兰编织技艺的基础上，综合运用各种织法和不同的肌理处理，通过选择羊毛、染色、编织等一系列程序，亲手创作完整的艺术作品。基维始终认为，虽然戈贝兰编织是一门外来的技艺，但表现内容中所体现的民族性和地域性是至关重要的。因此，他建议学生从民族和文化的角度思考创作。然而，戈贝兰编织技艺终究是从西方传来的工艺，对第比利斯国立美术学院的师生来说是全新而生疏的，并且戈贝兰壁毯的完成并不是一件简单的事情，它既要求极高的绘画基础、对色彩和造型的感知，还需要精湛的手工制作和把握，尤其在技术方面，需要很大的耐心和毅力。这些都为基维教授在染织系开设崭新的戈贝兰壁毯课程增加了难度。

基维悉心教学，对每一个环节耐心辅导并亲自动手示范，不仅开阔了学生的眼界，也让学生体会到动手的趣味性和生动性。他用艺术思维启发学生的创作灵感，让染织设计系的学生认识到这不仅是一门工艺，还是高层次的艺术。在基维的辅导下，学生对戈贝兰壁毯创作充满了热情，课程还吸引了许多其他专业的学生前来学习，基维培养了很多优秀学生，他们在提高精神生活与艺术文化修养的同时，还掌握了宝贵的编织技术与经验。基维时常带学生们参加各种艺术展览和比赛，有些学生的构图思维和技术水平超越了国外的同行专家。他们毕业后有的在纺织厂等相关部门工作，戈贝兰壁毯的教学法和研究方法让他们一生受用。有的学生成为颇有影响力的壁毯艺术家，在国际展览中屡获佳绩。

基维作为第一个掌握戈贝兰壁毯艺术的格鲁吉亚人，他的编织技艺在同类装饰与工艺美术中获得了领先地位。戈贝兰壁毯在格鲁吉亚广泛而迅速地普及，很快引起各阶层人士的兴趣，它的声望超出了格鲁吉亚，影响并扩散到全世界。

第二章

基维·堪达雷里壁毯的技艺形成

第一节　古典戈贝兰壁毯

戈贝兰因法国巴黎地域名称而来。由于发音不同也被译作"戈布兰""高比林""哥白林"等，15世纪，在戈贝兰圣马赛尔（Saint-marcel）大道的比埃夫勒河畔（Fougères-sur-Bièvre），珍（Jean）和菲利贝尔（Philibert）两兄弟创建了古老的染色间，成为远近闻名的染色家族。17世纪，法国路易十四国王为发展宫廷装饰艺术买下了巴黎的戈贝兰属地，将弗兰德斯（Flanders）织工和近50台织机安置于此，建立了为皇家服务的戈贝兰壁毯厂。可见，戈贝兰壁毯厂在产生之初为法国皇家服务，目前仍然存在，由法国文化部和国家地方管理局负责管理。

一、戈贝兰壁毯的历史文脉

鉴于欧洲中世纪壁毯具有鲜明的叙事表现和强烈的装饰功能，常被用于宫殿、城堡和教堂的空间陈设中。公元前4世纪的科普特壁毯（Coptic Tapestry）主要是表现宗教主题。中世纪的羊毛壁毯在修道院中扮演着重要角色，它和教会的壁画一样，起到传达教义、解析教规的作用。壁毯中所描绘的生动图像和丰富色彩，具有强大的吸引力，对于不识字的民众有重要的说教意义。除此之外，壁毯以其柔软、隔音、保暖、降噪等功能不仅装饰了教堂中寒冷且粗糙的石材墙体，并且为心灵带来温暖与慰藉。除了教堂和修道院之外，皇家宫殿和城堡也将壁毯作为珍贵的物品，除了作为装饰陈设之外，还被用来当作赏赐、馈赠和外交的重要礼品。

16～17世纪是欧洲壁毯变革与发展的时期。由于战争，弗兰德斯壁毯生产与交易中心遭到破坏，编织业生产下降，工人迫于生存压力不断迁居到英国、意大利以及法国等国家和地区，同时将编织技艺带到移居地。这一技法的扩散，极大地推动了欧洲壁毯艺术的全面发展。尤其在法国，弗兰德斯织工获得皇家的赏识，他们告别了简陋、狭小的阁楼，在宽敞明亮的工厂中从事壁毯织做，并且拥有个人庭院，享有免除税务和受人身保护的权利。有的织工甚至接受国王授予的贵族头衔，并享受一系列特殊待遇。

1662年，法国国王路易十四在财政大臣科尔伯格（Colbert）的支持与协助下购买了戈贝兰属地，并将其改造为专门的皇室家居生产厂（Manufacture royale des meubles de la Couronne），而戈贝兰壁毯作为室内装饰的重要组成部分。工厂织工通过与国王签订契约，在王室的委派下进行织做，不断展现华贵精致的壁毯艺术。戈贝兰这个由地域命名的壁毯编织技艺从此得以确立，戈贝兰壁毯作为法国宫廷装饰艺术之一也获得快速发展。

当宫廷画家夏尔·勒布伦（Charles Lebrun）监督执行壁毯编织创作时，戈贝兰艺术的发展达到了高峰。勒布伦作为服务于王室的画家和戈贝兰壁毯厂的主任，将意大利流行的绘画风格与戈贝兰壁毯相联系，绘制并编织了一系列展现宫廷生活、突出国王权威和功绩的壁毯作品。《亚历山大的故事》（图2.1）是勒布伦的开山之作，他花十年之久，为此系列作品设计绘制五块大型绘画。为了让编织充满真实的细节，画家亲临军事现场创作，以风景优美的场景描绘辉煌的军事战果，用羊毛和丝线交织塑造出的细腻纹理和生动艺术效果颂扬路易十六的功绩，此作品赢得了王室和贵族的喜爱。另一件受到赞扬的作品《十二个月》由王室最爱的各种植被、物品等典型元素组成，作为敬献给国王的礼物，用于装饰王室的住所。诸多具有绘画风格的

图2.1　壁毯《亚历山大的故事——亚历山大进入巴比伦》，夏尔·勒布伦设计，弗兰德斯工人编织，490cm×810cm，羊毛、丝、镀金金属、银制包裹丝线，高比林皇冠皇家制造厂，1670年

壁毯艺术层出不穷,展现皇家的审美品位,显示国王的权力与威望。古代王室委托的壁毯织造不仅满足于自我欣赏,还用于宫殿的陈设与装饰。这一时期,勒布伦设计的羊毛编织帷幔在王室和贵族中也非常流行,它从原始的绘画形式中演变创新,成为替代墙面的隔断,广泛应用在宫殿中。另外,由他创造的蓝色底子的植物方形壁毯,成为赏赐功臣和任命官员的礼物。

勒布伦时期的壁毯艺术达到了空前兴盛,当时整个欧洲的纺织界都闪耀着戈贝兰壁毯的光芒。然而,当科尔伯格和勒布伦相继去世后,壁毯编织开始进入萧条阶段,发展缓慢且滞后。皇权继承者在编织政策中显示出很大的不同,他们将大量的财富投入战争中,忽视了艺术品的生产创作。由于缺乏资金,戈贝兰壁毯厂于17世纪末关闭。皇家壁毯繁荣的这40年,在学界被称为"前戈贝兰时期"。

18世纪初,戈贝兰壁毯又重新回到王室的装饰中。由于受法国洛可可风格的影响,被纳入奢华、精致的装饰流派内。以画家弗朗索瓦·布歇(Francois Boucher)为代表的洛可可风格派画家先后加入壁毯画稿的设计中,面对错综复杂、要求严苛的绘画,艺术家和织工之间在壁毯创作中出现了分歧。设计者反对织工大胆使用色彩,坚持通过上百种细腻的中间色彩惟妙惟肖地拷贝画稿,织工虽然强烈反对这种抹杀创造性的方式,但最终还是顺从。久负盛名的戈贝兰编织厂常备有上万种不同颜色的毛丝和绢丝,精湛的编织技艺将戈贝兰壁毯变成了绘画的复制品,这段被称为"绘画壁毯"的时期也是"后戈贝兰时期"。

从上可以看出,古典戈贝兰壁毯不仅是一种工艺,更是一门艺术。从实用与装饰功能的角度看,交织着绘画与编织技艺的戈贝兰壁毯以其材料的特殊性,为宫殿提供了高贵奢侈的装饰;从表现内涵、寓意以及风格特征的角度看,其既显示出阶级社会中的等级观念,也象征着法国政权与文化的至高无上。

二、戈贝兰壁毯的技与艺

壁毯是纺织艺术的一种,同其他织物一样在织机上操作。按照不同的织做方式,壁毯织机大体可分成经线为水平方向的平经(low-warp)织机和经线为垂直方向的立经(high-warp)织机两大类。平经织机由普通梭织机演变而来,最初源自民间,编织中由织机的脚踏板进行分经,技艺娴熟的工匠能做到手脚有序配合。立经织机则完全由手工操作完成,编织工艺细腻,但过程漫长、费时。因此，实用性壁毯一般选用平经织机操作，艺术性壁毯则选择立经织机，以达到灵活自如的表现。中世纪，弗兰德斯织工编织的壁毯起初采用平经织机织做，技法上选择纬线编织法，即经线最终都隐藏在纬线中，它区别于经线、纬线都可见的平面编织，编织中经线贯穿于始终，但纬线不连续，织工依据画稿变换色线，不同色线之间会出现缝隙。对于绘画性的壁毯，常以精湛的工艺在壁毯编织完成后处理两色相遇的缝隙。

戈贝兰是壁毯中的一类，它虽由弗兰德斯织工创作，但通常选择立经织机完成，因此有其独特之处。首先，这种编织依据于画稿（cartoons）进行创作，织造中经线和纬线并非一味垂直，通常产生弯曲或陡峭的形态。因此，这样的技法适用于表现弧形、圆形等装饰形式。编织中，经线完全被纬线覆盖，如果纬线色彩丰富细腻，则会产生微妙的过渡效果。其次，戈贝兰壁毯由于精湛的工艺，不仅能看到编织的肌理，并且可以生动地描绘出写实画面，古典戈贝兰壁毯通常使用粗细均等的彩色纱线，使纹理均匀，表面平坦，线头隐藏于毯内，最终形成正反面一样的效果。

为壁毯绘制的画稿在文艺复兴时期得到快速发展，以往织工在编织中对形与色的认知和记忆，在画稿的引导下，变得更加完整统一。画稿由画家创作完成，他们通常在画面四周设计出复杂的画框边缘，或以高浮雕的形式模仿金属画框。戈贝兰壁毯厂为了让画稿更加满足织造的需要，有时要求画家在捆扎的丝绸上绘制，以捆扎丝绸的肋条形象地模拟壁毯的经线肋条，拉近了画稿与壁毯的距离，开辟了戈贝兰作为"绘画壁毯"的新时代。

著名古典绘画大师拉斐尔（Raphael）、勒布伦、鲁本斯、维米尔布歇等先后加入戈贝兰壁毯的画稿创作中，使壁毯不断走入绘画语境，并呈现一定的审美特征。弗兰德斯织工首次将拉斐尔的作品《使徒行传》精准地编织成戈贝兰壁毯（图2.2、图2.3），用于意大利梵蒂冈西斯廷教堂的墙壁装饰。超越画作的壁毯极为写实，就连编织人物的头发和胡须等细节都栩栩如生。可见，古典戈贝兰壁毯是完美呈现出手工塑造的艺术珍品，彰显了编织工人的价值。

戈贝兰壁毯是所有编织门类中艺术性最为突出的表现形式。基维作为传承戈贝兰壁毯的现代艺术家之一，在传承原有编织技艺的基础上，不断进行新的实践探索，将精湛细腻的编织肌理之美，融入充满思想和观念的画面中，从而开创了属于他个人风格的壁毯艺术。

图 2.2 《使徒行传：捕鱼神迹》画稿，拉斐尔
493cm×440cm，1517～1519 年

图 2.3 《使徒行传：捕鱼神迹》壁毯，
493cm×440cm，1517～1519 年

第二节　民间帕尔达吉壁毯

民间壁毯依据不同种族、地域、文化而命名，比如公元 1 世纪，埃及科普特地区的人们从事壁毯编织，他们将织物用来保暖、隔热或装饰教堂、房屋。由于独特的地域和干燥的气候，科普特壁毯至今保存完好，成为人类早期纺织艺术的见证。由于精湛的工艺和极高的审美，经纬相交的科普特作为壁毯常见的形式，至今仍广为流传。从其装饰审美中可以看到，有多少不同种类的壁毯，就有多少不同的技艺称谓和风格殊异的典型装饰，形成了带有民族文化基因的壁毯艺术。以阿塞拜疆、亚美尼亚、格鲁吉亚为代表的高加索地区，其历史文脉中流淌着壁毯编织的印记。据格鲁吉亚文献记载，帕尔达吉（pardaghi）壁毯（图 2.4）起源于格鲁吉亚东北部的阿尔万尼（Alvani）村庄，这个村庄是格鲁吉亚东部文化和经济的中心，由于历史上长期处于封闭状态，因此民间织做的平织毯仅满足生活所需，极少流通和售卖。因此，帕尔达吉壁毯仍保留了 19 世纪前的织做模式。从其中的装饰与审美中，不难看出格鲁吉亚的民间传统文化及地域特色。

一、格鲁吉亚东部的平织毯风俗

格鲁吉亚东部卡赫季州的萨加雷卓（Sagarejo）镇，毗邻北高加索山脉，其生活习俗不免受到高加索山民的影响。这里的山民世代沿袭着迁徙与游牧

图2.4　帕尔达吉壁毯

的生活方式，海拔五千米以上的图晒提地区常年高寒积雪，而紧邻山下的阿尔万尼村庄则四季分明、气候宜人。因此，人们大部分时间居住在阿尔万尼河谷水岸，只有在炎热的酷暑时节才移居到图晒提山中。羊的饲养在以畜牧业为主的游牧民族生活中扮演了重要角色，虽然东部的高山气候恶劣，但却拥有丰富的草场和羊群。这里的人们早在16世纪就开始养羊，羊是民间衣食所需，同时也是财富和祥瑞的象征，历史上曾把羊作为礼物供奉给卡赫季王朝。羊的饲养为帕尔达吉壁毯的织做提供了稳定而丰富的原料。这里的羊毛柔软且坚韧，具有光泽，染色效果很特别，尤其是秋天的羔羊毛，是织毯子的最好材料。由于折叠便携，平织毯非常适用于半游牧生活，能从一个地方运输到另一个地方，于是常被用来作为马的安囊装载物品。由于格鲁吉亚的室内装饰以木制家具为主，不需要地毯覆盖土质地面，因此与阿塞拜疆和亚美尼亚的地毯不同，格鲁吉亚的帕尔达吉壁毯经常用来覆盖墙面、椅子或沙发。成为家家户户铺木榻，挂墙壁的实用装饰物品，无论是冬天取暖，还是夏天乘凉都少不了它。除此之外，民间妇女还以同样的方法编织宽大的外衣、床垫等，在寒冷的山中，这些都是游牧民族必需的生活用品（图2.5、图2.6）。鉴于生活所需，格鲁吉亚东部的民间织毯习俗极为兴盛，并世代相传。在格鲁吉亚东部农村，几乎家家都在纺线和织做平织毯，一代代人传承着民间独特的技法与装饰。很难想象，未曾受过教育和艺术熏陶的人们，日复一日年复一年地进行编织创造。从剪羊毛到清洗，到纺线，再到编织，整

图2.5 民间平织毯应用一　　　　　　　图2.6 民间平织毯应用二

个过程都印在卡赫季州的岁月记忆中，多样而美丽的平织毯点缀了农村灰色的生活，成为美与希望的象征。

　　大量宗教历史及人文资料说明，格鲁吉亚帕尔达吉壁毯不仅用于实用和装饰，并且蕴藏了深层次的寓意，在社会和生活中扮演着重要的角色。在古代王室加冕礼、招待盛典以及重要的社会场合及节日中，壁毯占据主要的位置，除了作为装饰物外，在一定程度上还成为财富与权力的象征。并且显示出国王、贵族、大臣之间的社会阶层和等级体系。由于壁毯的功能性，常用来装饰空旷宽敞的公共场所，至今在有些教堂中还珍藏着壁毯，柔软的织物充满了强烈的人文关怀感，彰显人性之真与善，因此常被用于祷告、祈福或其他宗教节日中。比如，在格鲁吉亚民间传统节日阿拉维尔多巴（Alaverdoba）节日，缤纷艳丽的帕尔达吉壁毯格外引人注目，这些壁毯除了盖在车棚上，用于遮阳和防风外，也是渲染节日气氛的装饰品，尤其在教堂外的深夜祈祷活动中，可起到保暖的作用。

二、帕尔达吉壁毯的装饰及内涵

　　帕尔达吉壁毯最早源于宫廷壁毯编织，体现了格鲁吉亚与伊朗和土耳其之间的联系。宫廷艺术家是真正的壁毯创作者，而织工仅负责工艺的实施，他们经常在正方形的毯面上按照图形进行编织，不断重复相同的设计直到草图用旧。那时许多宫廷女织工都懂得一两个很好的设计，结婚后离开工作间在家里继续编织地毯。早期宫廷艺术家的绘画设计通常是复杂的曲线图案，难以记忆，而水平线、垂直线或斜线却容易被掌握。鉴于此，织工在家里只能进行几何形状的编织，他们最大程度地简化造型，不断重复着相似的装饰形式。帕尔达吉壁毯采用经纬交织的技艺，进行平面编织。由于在不同色彩相遇的地方形成换线，因此色与色之间会产生狭长的缝隙。为了避免缝隙过长不牢固，编织中多出现交错与不规则的几何形。因此，几何化装饰成为帕尔达吉壁毯乃至整个高加索地区民间平织毯的共同特征。具象的人物、动植物、景物、事物等均被归纳为几何形，风格完整紧凑并带有强烈的夸张感。

帕尔达吉壁毯的色彩皆为天然染色，虽然颜色种类稀少，但大多和谐朴素。阿尔万尼地区的帕尔达吉壁毯具有一个共同的特征，即普遍采用黑白两色设计和规律性的色彩组织，这也是他们民族服装的典型色彩。图晒提地区的人们对黑色十分喜爱，毯面的形式通常表现为大小不同的锯齿状几何形式，黑色底子上有白色的线，白色线又围绕着黑色成为毯面的核心装饰，有时在毯子边缘也不断重复这些线条及结构。白色锯齿线条布满整个毯面，并创造出有秩序的构成和韵律。除了黑色、白色外，高加索山民还用天然染料伏牛花、杜鹃花、茜草和靛蓝等植物，染出淡紫色、红色、蓝色等丰富的色彩，这些色彩经过组织，统一为明、暗两大色系，使和谐中有对比，统一中有层次，从而形成整体而强烈的装饰美感。

传统民间帕尔达吉壁毯主要有三种装饰形式：

（1）中心是四边形轮廓的纪念章图案装饰（图2.7）。将此作为壁毯的中心，纪念章内是简化的谷物和钩形纹，代表格鲁吉亚人民对衣食之源的崇拜。黑色底子上衬托出鲜明的绿色、黄色、红色、蓝色，边缘往往是黑色，或是黑色与其他色彩的交织。

（2）中心是生命树图案装饰（图2.8）。在格鲁吉亚的民间信仰里，生命树具有美好的象征意义，是自然力量的代表。同时，由于格鲁吉亚具有复杂的文化历史，由多个民族组成，因此生命树还象征着多元文化与多个民族的和谐共存。

（3）十字架图案装饰。这种形式在帕尔达吉壁毯中极为常见（图2.9），代表了民间的宗教信仰。其不仅位于毯面中心，还装饰于边缘或与其他图案组合。位于中心的十字架，周围环绕着循环的太阳纹样，代表了循环的宇宙寄予人们的信仰和崇拜，这种装饰除了应用于壁毯上外，还广泛存在于传统器物和纪念性装饰等领域，具有祈福和保佑的功能。

受欧洲古典壁毯的影响，植物装饰成为19世纪帕尔达吉壁毯的主要特征。用郁金香和玫瑰等花朵纹样组成的长方形装饰，在整个高加索地区都很

图 2.7　帕尔达吉壁毯：纪念章图案

图 2.8　帕尔达吉壁毯：生命树图案　　图 2.9　帕尔达吉壁毯：十字架图案

流行。受俄罗斯和欧洲流行装饰的影响，织毯中开始引入大花形，这些纹样并非直接替代传统，而是与古典风格连接在一起，创造了所谓的折中形式。传统的装饰线条绘制在几何的中心区域，边缘被花朵环绕。编织中用不同色线表现出光和影的变幻，塑造了生动鲜活的立体感（图 2.10）。

　　随着社会经济的发展，阿尔万尼的民间生活方式发生改变。为了寻求更加稳定而美好的生活，有些织工再次南迁，他们来到了东部的卡赫季州，并将帕尔达吉编织技术和织做习俗带到了那里。受阿尔万尼织工的影响，卡赫季州的平织毯发展起来。这里的平织毯仍然遵照古老的帕尔达吉编织技艺，将黑白两色的强烈对比作为主要特征。由于当地独特的植物染色，红色也成为流行色彩。卡赫季州的帕尔达吉壁毯构图形式延续了原来的风格，严谨的中心区域被所谓的长方形所环绕，以玫瑰花为主的植物装饰通过阴影和光亮来强调。19世纪后，帕尔达吉编织技艺的表现内容出现转变，开始编织人物形象，形式的组构受格鲁吉亚民间故事、历史传说以及著名艺术家彼罗斯曼尼（Pirosmanashvili）绘画的启发（图2.11）。

基维的故乡萨加雷卓属于格鲁吉亚东部的卡赫季州，在那里他度过了难忘的童年时光。基维常在作品中表现的就是萨加雷卓风景，那些自然风光永远珍藏在他心中，是惬意、自由而美好的。家庭的和谐与温暖，尤其是妇女纺毛线的情景，随着时光逝去深深地烙印在他心中，成为基维最珍贵的记忆。无论受何种文化的影响，无论时代如何演绎，观念如何变化，帕尔达吉壁毯始终保留了格鲁吉亚的民间特征，并代表了独特的地域文化。

图 2.10　帕尔达吉壁毯局部

图 2.11　帕尔达吉壁毯《狩猎》，卡赫季州

第三节　基维的"戈贝兰"技艺

基维的"戈贝兰"技艺由两部分组成。一部分来自法国古典戈贝兰壁毯，他拜著名的戈贝兰壁毯大师安多宁·基巴尔（Antonin Kybal）为师，学习并成为这门编织技艺的传承者。另一部分来自格鲁吉亚民间壁毯——帕尔达吉，它是基维童年在萨加雷卓故乡的印记，也是格鲁吉亚精神生活和文化底蕴的象征。两者虽然都属于壁毯，但却有截然不同的时代与文化，基维通过不断地实践探索，在华贵的皇家工艺中融入淳朴的乡土文化，又赋予民间装饰织物以艺术的表现形式，以此印证了他曾说的："世界上所有文化都由农民开始，他们代表了国家。"❶基维的"戈贝兰"技艺既区别于法国皇家壁毯，也非等同于格鲁吉亚民间的帕尔达吉壁毯。它结合并浓缩了两者的精华，创造了独一无二的格鲁吉亚壁毯艺术。

一、戈贝兰与帕尔达吉的融合与创新

纺毛线和编织是萨加雷卓妇女擅长的手艺，与日常生活关联紧密且受人尊重，与土地同等重要。每个家庭以手工艺的方式一代代传承着壁毯中的装饰，这说明编织不只是机械化的劳作，更是精神与文化生活的象征。基维的母亲就是帕尔达吉壁毯的编织高手，毛线的温暖和母亲的温情早已注入他的血液和灵魂，让基维一开始便认识到其独有的特征，他亲眼看见并且亲自操作帕尔达吉壁毯的整个编织过程，童年的经历使他对纺线、染线、编织工序有深刻的记忆并且熟知，因此在未来的创作中，他对材料、染色、编织游刃有余的把握成为自然。

1997年，基维作为被邀请的壁毯艺术家，面向公众与媒体对格鲁吉亚民间平织毯帕尔达吉做了介绍。他以在阿尔万尼举办的帕尔达吉壁毯展览来说明这种工艺的特征，与社会、生活的联系，以及其中蕴藏的文化及艺术性。基维认为，该展览不仅证明格鲁吉亚历史中存在古老的编织传统，而且让格鲁吉亚艺术家、工艺美术创作者感受到民间平织毯的价值。直到今日，基维

---

❶ 翻译整理自 1997 年基维·堪达雷里接受格鲁吉亚媒体的采访稿。

家中还珍藏着20世纪早期带有家族徽章图案的帕尔达吉壁毯，锯齿状的几何纹样，卷曲的铭文相互对比、交错，明暗两大色系彼此映衬、和谐地统一在一幅毯面上。❶

1965年，基维被派到布拉格美术学院学习戈贝兰编织技艺。他一开始接触戈贝兰壁毯时，便被它的装饰和艺术之美深深吸引。柔软的材质、丰富的色彩、自由的布局，尤其是编织的表现力是其他任何艺术所不具备的。尽管这是一项艰苦而复杂的工艺，但基维迷恋它的美丽，并且下定决心将毕生的创作精力倾注于此。经过7个多月的学习，基维对戈贝兰编织技艺有了深入的理解。他眼中的壁毯已不仅是生活中的实用品和装饰品，而是绘画的载体、艺术的表现，只不过这种艺术以经纬编织的方式呈现。

1.帕尔达吉和戈贝兰技艺比较

帕尔达吉壁毯和古典戈贝兰壁毯同属于平织毯，尽管两者跨越时空，存在地域和文化的差异，但经纬编织技法大体相似。因此，在技术中可以相互借鉴、取长补短。

通常情况下，帕尔达吉壁毯以天然羊毛、棉和丝线为主要材料进行编织，采用粗细均等的线，在设定的图案区域来回交织每种颜色的纬线，形成独立的色块和织边。不同形状的色块之间出现长短不同的缝隙，在民间这种织物缝隙通常不做二次处理，这让不同色彩塑造的视觉效果更加清晰、鲜明。缝隙的出现打破了织物原本的平面形式，形成前后交错的二维效果，也由此成为帕尔达吉壁毯的典型特征。编织中的帕尔达吉壁毯难以突破经纬所限，因此，常常形成直线、方形、角形等概括的几何线条，抽象的几何形色块排列是帕尔达吉平织毯常见的表现形式，以此突出其强烈的装饰性。

古典戈贝兰壁毯是法国传统织物，由于在产生之初专供皇家享有，因此无论是技艺还是装饰，都具有精美华贵的特征，它的艺术和审美性在所有平织毯中首屈一指。与帕尔达吉壁毯相似，古典戈贝兰壁毯常将棉、麻等较强韧的线作为经线，柔软而富有弹性的羊毛用作纬线。出于表现所需，有时也会加入金属丝线或其他合成纤维，以增强光泽度，表现富丽高贵的视觉美感。技法中，戈贝兰壁毯遵从于画稿，用均匀的线进行编织，最终形成平坦的织物表面，纬线在表现中并非垂直贯穿于经线，而是灵活且自由地向多个

---

❶ 翻译整理自1997年基维·堪达雷里接受格鲁吉亚媒体的采访稿。

方向编织，因此，它能克服经纬线形成的垂直或水平状，编织出丰富多样的造型。线与线的穿插形成微妙过渡及多样的绘画笔触，增强其趣味性和生动感。由于技艺精湛，古典戈贝兰壁毯很难在方寸之间找到相同色彩，即使同一个色块也由不同色线交织而成。因此，它能惟妙惟肖地拷贝各类画作，是所有平织毯中最能表现艺术效果的工艺品。与帕尔达吉壁毯相比，古典戈贝兰壁毯采用多种方式处理编织中形成的缝隙，有些缝隙被巧妙设计运用于特别的造型中，如人的嘴、树的纹理等。当描绘柱子或其他垂直元素时，如果沿经线编织，则会导致裂缝过长而削弱壁毯强度。针对这种情况，织工一般会采用横织竖看的方法让经线呈水平状，纬线垂直。当缝隙过于明显时，通常采用背面打结锁扣或用透明线连接，使其画面完整并统一。

2.基维的"戈贝兰"技艺及表现

基维不仅全面掌握基巴尔传授的编织技艺，成为法国古典戈贝兰壁毯技艺的传承者，还巧妙地将帕尔达吉壁毯技艺融入其中，成为格鲁吉亚"戈贝兰"壁毯的创始者。直至今日，格鲁吉亚的戈贝兰壁毯仍被公认是基维的壁毯艺术。

当同时代壁毯艺术家开始接触综合材料，塑造不同表现形式时，基维却始终选择用天然材料以平织毯形式加以表现，材料的自然属性被寄托在经纬工艺中进行美的诠释。基维在传承古典之上进行开拓创新，他的大部分作品根据画稿进行编织，也有小部分作品仅在经线上标记，然后直接织做。出于表现的需求，他选择粗细不一的纬线。因此织物中除了画面的描绘之外，还形成丰富多变的肌理，但最终织物表面仍然是平坦的。基维以生动的艺术效果，丰富的编织纹理体现出壁毯艺术的本质，这一点有别于古典戈贝兰壁毯。

基维用高经编织机进行创作，首先，他避免单一方向的纬线编织，根据画稿中的造型，从不同方向穿插纬线，改变了一味的平行织法，创造了平与斜、弯与直的编织形式。其次，对于织物的缝隙，基维并非沿用传统中以打结锁扣或用透明线连接的方式，而是在编织过程中，在两色线相遇之处留出一条经线，让彼此共同缠绕其上，这种技法让织物更加结实，也避免了缝隙的产生。最后，基维壁毯大多采用横织竖看的方式，避免了垂直缝隙过长造成织物松散，同时塑造了大小不同的波纹状肌理，使其形成流水般的韵律和音乐的节奏（图2.12）。这种艺术表现也源自基维对格鲁吉亚民间音乐的热爱，他的家乡卡赫季州，家家户户都流传着多声合唱的传统，基维坚信音乐、美术和工艺好似精彩的交响乐曲，它们同时存在于时空之间，虽曲调迥异，但和谐共存。

图 2.12 编织形成的波纹肌理

基维晚期的创作，随着技法成熟，多样的织纹肌理逐渐替代了充满韵律的波纹状肌理，情感不再受经纬的局限，做到了游刃有余的表达。

一方面，基维将戈贝兰编织技艺运用到帕尔达吉壁毯中，通过造型语言的丰富、色彩的微妙过渡，来增添形式美感及韵律；通过形与形之间的交叠穿插，加强编织画面的生动性及表现力。另一方面，他将帕尔达吉编织技艺形成的织物缝隙和平面化的处理方式运用到壁毯创作中，通过强调色块的边缘，增强其装饰性，尤其是通过缝隙的塑造区分相近色彩。

基维的编织技艺，强调了现代戈贝兰壁毯的艺术特征。他将彩色毛线视为画笔和颜料，为了避免写实绘画导致的刻板，他更多关注柔软材料的特质及形成的肌理效果，做到了自由地塑造。因此，基维在编织创作中，放弃了织机上的梭子和靶子，用手指缠绕和餐叉压线的方法革新了传统的工具。用线既奔放又考究，有时粗犷到几条线合并，有时精致到毯面中某种色线只有一点，织随情动、随思变，多样的塑造方式呼之欲出。除此之外，基维在戈贝兰壁毯创作中，常将听觉感受进行视觉与触觉的转换，创作出一系列充满韵律且色彩丰富的壁毯作品。

在材料的制备中，基维从不用现成色线，而是运用民间植物染色的技巧和方法，将本色毛线亲自染制成编织需要的色彩。格鲁吉亚由于得天独厚的地理位置和宜人的自然气候，不仅拥有丰富的羊群，并且植被种类繁多，这为基维寻找壁毯编织材料和进行植物染色创造了有利条件。在基维编织的彩色壁毯中，很难找到相同的色块，他总是通过将不同色线彼此交织，最终形成某种颜色效果。因此，基维的作品远看色调整体统一，近似绘画；近看肌理丰富细腻，是精美的编织品，这便是他的作品耐人寻味的原因之一。格鲁吉亚艺术理论家瓦赫坦格·大卫泰亚（Vakhtang Davitaia）曾评论："基维的壁毯具有非同一般的价值，充满了色彩的欢腾。"作品《月球草》（图2.13）恰好印证了这一点。基维将该作品的整体基调定为灰绿色系，为了寻求同类色的变化，他通过亲手染制几十种不同的绿色，来塑造色彩之间的微妙过渡或对比，浑厚且轻快、深沉亦灵动，尽管色彩丰富但并不凌乱，从属于统一的画面。有时候画面中某种颜色的纱线只有一根，并处理得极为微妙。用这种技艺创作的壁毯更加自然，可与高贵的艺术品媲美，令基维的壁毯百看不厌。

除此之外，基维壁毯中色彩的运用也受到民间帕尔达吉用色的影响。传统帕尔达吉的典型色彩是黑白两色，形式表现依据深浅的强烈对比，原始而突出。基维编织中尽管色相种类繁多，但能清晰地划分为明暗两大色系。通过编织，他塑造出光影及强烈的明暗体积。对比鲜明的色彩不仅充满张力，还体现出生动的艺术性。无论是20世纪60年代的《十月旗帜》《遇见》，还是20世纪70~80年代的《第比利斯小夜曲》《彼罗斯曼尼和古第阿什维利》，或20世纪90年代的《第比利斯黎明》《寒冬》和创作晚期的《镜》《音乐会之后》等作品，均以鲜明的对比色调表现出浓郁的装饰感和立体造型（图2.14、图2.15）。

图2.13　《月球草》92cm×60cm，1996年　图2.14　《遇见》200cm×140cm，1968年

图 2.15　《第比利斯小夜曲》140cm×140cm，1974 年

　　《卡赫季州》（图 2.16、图 2.17）是 20 世纪 60 年代基维壁毯艺术的代表作，也是他对戈贝兰和帕尔达吉两种技法融合探索的力作之一。该作品以格鲁吉亚东部卡赫季州人酿酒的生活场景为表现题材，充满了浓郁的生活气息和地域文化特征。基维在模拟的高经编织机上操作，采用横织横看的方式让编织肌理呈水平状。整个作品编织依据古典戈贝兰技艺，而在形式表现中采用概括的方式对所描绘对象进行平面化处理。平铺色块强烈而突出，具有清晰的外轮廓，但在人物服装和细节的处理上，采用柔和的过渡和渐变色彩，让同一色块中出现了微妙过渡，类似绘画中的晕染。旨在平面中寻求变化，简洁中寻求丰富，使画面脱离了原有的呆板，色彩与造型之间出现了层次和对比。基维在编织中巧妙地借鉴了帕尔达吉的技法，他强调色块之间的缝隙，一方面突出平面的装饰效果，另一方面在相似的色彩之间，通过缝隙塑造清晰边界加以区别，令其产生若即若离、似有似无的远逝感，以达到塑造空间层次的艺术效果。

　　《卡赫季州》作品的编织画面虽然丰富，但使用色彩有限，总体上可分成浅色（白、浅灰、淡黄）和深色（红、棕、黑棕）两大色系。因此，作品明暗对比鲜明而强烈，但并非原始简单，局部的微妙过渡和单根线的肌理效

图 2.16 《卡赫季州》
140cm×100cm，1968 年

图 2.17 《卡赫季州》局部

果，增添了趣味性，成为视觉的焦点。古典戈贝兰和民间帕尔达吉两种技艺恰到好处地自然结合，源于基维对其深入的实践探究和熟练的技艺把握，在基维手中，格鲁吉亚帕尔达吉与法国戈贝兰两种技艺，虽具有不同的文化基因，但最终跨越地域、超越时空，达到既相互对比又浑然天成的艺术效果。格鲁吉亚艺术理论家、第比利斯国立美术学院娜娜·基克那泽在评论此作品时所说："留在这件作品中的是格鲁吉亚传统地毯的技法规律，但丰富的色彩层次和自由的编织都是古典戈贝兰编织艺术的特征。可见，作品《卡赫季州》融合了两种文化，即格鲁吉亚民间文化和古典戈贝兰文化。"

　　基维的壁毯编织技艺一方面传承了古典戈贝兰编织中的艺术性及审美特征，另一方面吸取了民间帕尔达吉编织中的独特表现，这让工匠和技师们望尘莫及，更让批量生产难以复制。他通过实践中的探索与思考，充分理解两种技艺的精髓与文化特质，将两者很好地融合、创造、革新。精湛、华美、典雅、匠心的基维壁毯，不再局限于"工艺"领域，它已然超越了古典或民间的编织物而成为别具一格、有关技艺美学的艺术。随着广泛而深入地传播推广，基维的戈贝兰编织技艺陆续传入多个国家，并再次以"现代艺术的身份"进入欧洲，通过与不同民族、文化、艺术相结合，让"戈贝兰"逐渐成为国际公认的壁毯学术代名词。

二、技艺的教育传承

20世纪60年代中期，基维学成归国后成为第一个在格鲁吉亚从事壁毯编织的艺术家。自此，他广泛地传播戈贝兰壁毯，并在格鲁吉亚很多院校任教：从最初创建第比利斯国立美术学院染织设计系，到20世纪70年代调入格鲁吉亚工业大学建筑系执教水彩与壁毯，再到20世纪80年代重新回到美术学院并在格鲁吉亚文化学院兼职，同时在两个学院讲授壁毯。鉴于基维的影响和由此带来的格鲁吉亚壁毯教育的发展，20世纪80年代末，第比利斯建立了第一所戈贝兰壁毯学校，将编织艺术由院校教育拓展到社会与公众层面，从此开辟了基维的"戈贝兰"时代。

20世纪70~80年代是基维戈贝兰壁毯艺术发展的高峰时期，他频繁而广泛地传授戈贝兰编织技艺。这段时间他创作了许多大型的现实题材壁毯艺术作品，不仅巩固了壁毯在苏联装饰与工艺美术中的领先地位，也让格鲁吉亚壁毯艺术在整个苏联艺坛中异军突起。如果20世纪70年代是基维壁毯艺术求索与辛勤耕耘的阶段，那么80年代则是他名声大振并获得社会与公众认可的时期。1980年，他先后在第比利斯和莫斯科创办个展，并且代表苏联成功参加第十届瑞士洛桑国际壁毯双年展。其作品在国际展览交流中完美呈现，让更多的国际艺术大家看到了带有民族、地域、文化特征的壁毯艺术，感悟到基维壁毯中蕴藏的审美价值及内涵。

在基维及第比利斯国立美术学院染织设计系教师的共同努力下，1985年，在格鲁吉亚第比利斯的沙尔登（Chardin）大街，成立了专门的壁毯艺术学校。学校毗邻格鲁吉亚古老的东正教堂，与始建于12世纪初的第比利斯旧城隔街相望，学校被浓郁的人文气息包裹与滋养。这所学校是世界银行专门为基维创建，但基维并非据为己有，而是把它作为第比利斯国立美术学院的教学基地，在创作与教学的同时，也面向社会公众。学生在宽敞明亮的房间中学习编织，日复一日、年复一年传承与创新古老且现代的编织艺术，通过不间断地举办师生作品展，进一步实现交流、研究、切磋。除了展览之外，这里的收藏品逐年增加，20世纪90年代末已经有相当丰富的壁毯艺术收藏。与苏联其他加盟共和国壁毯学校一样，格鲁吉亚戈贝兰壁毯学校的建立，展现了苏联壁毯艺术的兴盛，这是唯一一所格鲁吉亚壁毯学校，它作为第比利斯国立美术学院戈贝兰艺术教学的分支，预示着基维的壁毯艺术教育不仅成为学院热潮，并且在社会上产生了广泛而深远的影响。

在基维的引领下，戈贝兰壁毯学校一改循规蹈矩的教学模式，采用启发式教学，极大地调动了学生的学习乐趣与创造力。基维眼中的壁毯不仅是工艺，还蕴藏着艺术观念与表达。因此，无论采用何种教学方式，培养学生深厚的绘画造型基本功是不可或缺的。基维带领学生欣赏优秀的艺术作品、观赏美丽的自然景观，来启发他们的艺术创造思维，让学生做到有感而发、自由地抒怀，从美的感受与体验中获得灵感与冲动，并将之付诸于绘画纸面上。画稿无疑是壁毯创作关键且重要的一步，面对学生的绘画，基维采用探讨与启发的方式，更多尊重学生的艺术与情感表达。他让学生先找出自己满意的画稿进行评述，然后他再做指导分析。基维虽然对艺术创作要求严格，但从不贬低学生的设计，整个教学过程充满关爱与和谐。学生眼中的他并非高高在上的严师，而是平易近人、相互学习的益友。

编织过程漫长而烦琐，对于任何技艺高超的人来说，都需要极大的耐心与毅力，更何况是从未经历与尝试过的学生。"严谨与快乐"是基维编织技法教学最精炼的概括。从缠线、染色到上经线、织做等一系列过程，基维都亲自示范并耐心辅导，以便让学生全面而精准地掌握这门技术。当学生面对枯燥漫长的编织产生厌烦情绪时，基维总是想方设法调动学生的创作热情和欲望。他言语间的诙谐风趣与教学中的严格认真，让知识与技法自然地被掌握，令教与学轻松而自由。因此，基维创办的戈贝兰壁毯学校吸引了众多学生的关注与热爱，他们的创造热情被充分调动，基维也成为受人尊敬爱戴的师长。现任第比利斯国立美术学院染织设计系主任缇娜·卡迪亚什维利（Tina Kadiashvili）在评价基维的教学成果时所说："基维从理论和实践方面的教学，很快让这个专业成为吸引学生的热门系科。虽然戈贝兰较其他艺术专业来说，要求极高的绘画功底、良好的色彩感知力和精湛的手工艺，但每年报考的学生都有增无减，选择戈贝兰壁毯的毕业生也最多"❶。

基维成为第比利斯国立美术学院公认的最负责任的教师。他在格鲁吉亚培养了很多画家和壁毯艺术家，其中不少成为教师承担着染织和壁毯艺术的教学，共同为壁毯艺术发展而努力，继续着基维的事业。安里·嘎柯里亚（Anrie Gakharia）、凯格·嘎柯里亚（Gayko Gakharia）和雷尔·艾里亚施维里（L. Eliashvili）是基维的第一届学生，他们最先来到戈贝兰壁毯学校进行学习，在壁毯艺术方面取得了杰出成就，成为苏联美术家协会成员和格鲁吉

---

❶ "致敬格鲁吉亚杰出的艺术家基维·堪达雷里诞辰85周年"研讨会发言的现场记录。

亚壁毯艺术骨干。受基维创作观的影响，他们致力于格鲁吉亚民间传统文化研究与探索。壁毯《胜利日》是嘎柯里亚孪生兄弟的代表作（图2.18），描绘了身穿民族服饰、健壮的格鲁吉亚人表演民族舞的场面。画面中人物的装饰和谐统一，通过戈贝兰编织传递出一种清晰的民族舞节奏，激昂与活跃的红色调赋予壁毯强烈的表现张力。该作品收录在《苏联传统工艺与现代艺术》一书中，强调了格鲁吉亚多样民族文化与苏联社会主义国家大家庭的团结，分享了社会主义哲学、浸透着社会主义建设者的精神，其在艺术方面的创意充分展现了民族的原创性与人文主义特征。雷尔·艾里亚施维里早在学生时代就很出众，他的戈贝兰壁毯《卡赫季人》（图2.19），在"纪念十月社会主义革命50周年苏联大学生优秀艺术作品展"中获奖。他也因此获得苏联文化部、苏维埃社会主义共和国联盟、苏联美术学院共同授予的"三级装饰实用艺术家"称号。毕业后，他多次接受苏联文化部委托，进行主题性的壁毯艺术创作。如20世纪70年代，在"劳动光荣"的展览中，与嘎柯里亚兄弟共同创作了长70m高3.5m的巨大横幅作品《领导人列宁》。

玛娜娜·吉吉卡施维里（Manana Dzidzikashvili）是基维20世纪90年代的学生代表，现为格鲁吉亚第比利斯国立美术学院教授、格鲁吉亚美术家协

图2.18 《胜利日》230cm×450cm，1971年

图2.19 《卡赫季人》
200cm×150cm，1971年

会会员。格鲁吉亚独立前后，她开始从事壁毯创作，在社会动荡、经济条件无比艰难的时期，她仍然选择了壁毯艺术，并且将毕生精力投入其中，从未放弃。玛娜娜的作品集中表现格鲁吉亚的自然景观，将水彩画与戈贝兰编织完美结合，创作了一系列抽象且充满意蕴的壁毯作品（图2.20）。在战乱岁月中，玛娜娜将爱的渴望与祝愿凝聚于作品中，温润的壁毯好似抚慰心灵的一剂良药，让痛苦、失落、困境中的人们看到自然美景而释怀。不仅如此，玛娜娜还将创作眼光拓展到国际领域。她不仅多次在格鲁吉亚举办个人作品展，其作品还在中国、德国、西班牙、乌克兰、美国等多个国家展出，并且被阿塞拜疆、荷兰、美国、德国、法国等私人收藏。作为"从洛桑到北京"国际纤维艺术双年展忠实的支持者，玛娜娜连续十一届从未间断地参展并获奖，为展览创作了一幅又一幅展现格鲁吉亚自然风貌与人文景观的作品。创作中她不仅传承了基维的戈贝兰编织技艺，并且让诸多外国艺术家看到了杰出的当代格鲁吉亚壁毯艺术。

除了格鲁吉亚学生之外，基维还培养了邻国的壁毯艺术家。在亚美尼亚和阿塞拜疆，民间实用性地毯种类非常丰富。有些艺术家通过在格鲁吉亚戈贝兰壁毯学校进行学习，掌握了古典戈贝兰编织技艺，并与本民族民间地毯相结合，创造出带有浓郁地域文化的现代壁毯艺术，这些艺术家也成为他们国家壁毯艺术的创始者。

图2.20 《老房子》80cm×79cm，1999年

亚美尼亚艺术家戈·汗占（G Khanjan）和柯·耶吉萨良（K Yiegizarian）20世纪70年代来到第比利斯国立美术学院染织系，拜基维为师学习进修戈贝兰编织艺术。学成后，他们回国为埃里温音乐厅的舞台幕布设计创作了大型壁毯作品《复活》（图2.21），该作品高12m，宽30m，由10个织工用两年的时间编织完成，充满了典型的亚美尼亚民族特色。画面中间的"自由女神像"代表了亚美尼亚的英雄母亲，她右手拿着代表人民衣食之源的葡萄，左手高举代表国家与民族的国徽，抽象的背景是亚美尼亚典型的自然景观，这件壁毯采用戈贝兰技艺编织而成，是亚美尼亚国家与文化的象征。

阿塞拜疆艺术家阿达姆·尤素博夫（Adham Yusubov）早在20世纪60年代就对壁毯艺术充满浓厚的兴趣，他在第比利斯学习编织后，从陶瓷专业转向壁毯创作，成为专门从事壁毯设计与制作的艺术家，而基维成为他的第一位启蒙老师。在基维的启发和影响下，他对壁毯进行了全面而深入的解析，开始探寻壁毯与阿塞拜疆传统文化之间的关联。回到祖国后，阿达姆开始广泛地传播戈贝兰编织，20世纪90年代，他在阿塞拜疆创办了专门的壁毯学校，培养了很多壁毯艺术创作者。

林乐成是第一位向基维拜师学艺的中国艺术家。1993年，身为中央工艺美术学院讲师的他，作为第比利斯国立美术学院的访问学者，拜基维为师，学习、研究、创作戈贝兰壁毯。在接受基维悉心指导、亦师亦友朝夕相处的日子里，基维的治学态度、创作思想和艺术精神不断影响着他，激励着他。林乐成

图2.21　《复活》1200cm×3000cm，埃里温音乐厅，1986年

在基维的言传身教中，领悟到艺术家以工匠般的劳作之手完成的作品，充满了情感与精神的力量。格鲁吉亚文化艺术的耳濡目染，让林乐成受益匪浅。回国后他致力于中国"戈贝兰"壁毯艺术的创作，不仅传承了基维的编织技艺，并且尝试与地毯中的栽绒技法相结合（图2.22）。作为基维的学生，林乐成通过纤维艺术的实践教学、理论研究与应用推广，在中国不断传播基维壁毯的艺术理念与学术主张，形成了有中国特色的壁毯艺术教育体系，并且成功策划了中国"从洛桑到北京"双年展，开辟了中国纤维艺术发展的新时代。

作为艺术家，基维全身心投入戈贝兰壁毯创作实践与探索中，辛勤地在编织艺术沃土上耕耘40余载。作为教育者，他赋予壁毯编织技艺以浓厚的情感和艺术创造，使之变成充满乐趣的手工艺术，并在格鲁吉亚乃至整个高加索地区和中国得到广泛传播。基维的戈贝兰壁毯备受众人瞩目与喜爱，在同时代苏联艺术和工艺美术门类中迅速崛起，揭开了苏联壁毯艺术史中的崭新一页。

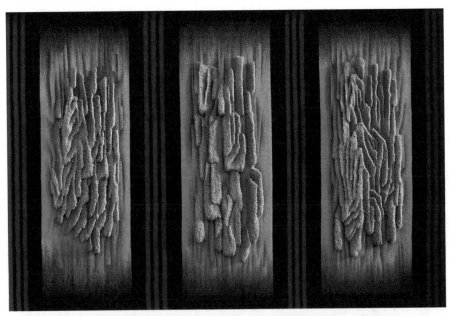

图2.22 《高山流水》300cm×200cm，北京市政府会议中心，1999年

第三章

基维·堪达雷里壁毯的艺术风格

格鲁吉亚第比利斯大学艺术史博士萨罗美将基维壁毯创作划分为三个阶段：20世纪60年代，壁毯风格的形成，这一时期，基维通过对技艺摸索、实践，掌握了不同的编织技法，从而塑造出不同的肌理和表现效果。20世纪70~80年代，壁毯风格的成熟，基维在掌握编织技法基础上，开始创作具有苏联纪念碑特征的大型壁毯，并且进行现实主义艺术风格的描绘。20世纪90年代中后期到21世纪，强调作品的形式感：一方面，1991年前后，基维将思想及情感表达寄托于壁毯，并借鉴现代主义艺术中的抽象和象征方式进行表现；另一方面，20世纪90年代后期，基维壁毯回归田园牧歌般的浪漫与诗情画意。

　　一直以来，基维的创作紧跟时代、社会与文化，也受艺术风格特别是绘画的影响而发展。受苏联美术界倡导的现实主义绘画风格的制约，基维壁毯从一开始便带有严肃的现实主义风格特征。苏联解体之后，现代主义艺术席卷格鲁吉亚，艺术创作风气焕然一新。基维的壁毯风格也随之发生转变，他不断将立体、超现实、抽象等艺术画派的表现方式融入壁毯创作中。

第一节　严肃的现实主义

　　第二次世界大战后，苏联艺坛曾一度将领导人、将军、士兵等先进人物"英雄化"，浮夸、空洞且粉饰现实的方式让艺术创作缺乏个性和表现力，这一时期的艺术不断走下坡路。随着20世纪60年代后苏联文艺政策的调整，艺术气候逐渐活跃，许多有抱负、有担当的画家不再局限于"矫饰风"的束缚，开始对艺术进行多元化的实践探索。如果说20世纪60年代之前，苏联文艺政策在某种程度上禁锢了艺术家的表现，那么60年代之后，艺术家们开始探讨并思索如何在现实基础上创新，"真诚对待生活、探索新形式语言、研究传统艺术、融入观念情感"成为这一时期艺术发展的重要特征。

　　严肃的现实主义是席卷20世纪60年代苏联艺坛的画风，也是苏联现实主义绘画发展的一个阶段。这个时期开放的文艺之风让写实不再受限，也克服了矫饰、夸张的局限。基维作为同时期壁毯艺术家也受此影响，将经纬编织与织物表现特征建构于严肃的现实主义风格之上，创造了兼具个性与民族传统、富有历史性与现代感的壁毯艺术作品。

一、概括现实

概括现实是对苏联时代基维壁毯艺术主题及风格的凝练。当浮夸现实的做法受到批判时，开始提倡"将生活中真实的一面呈现出来"。将现代艺术表现与民间传统习俗和日常生活连接在一起，在现实题材的基础上，淳朴、本真地反映生活中的人和事，是基维作品的突出风格。他侧重于人物和风俗题材的描绘，从20世纪70年代的《团结就是力量》《耕作者》《阿尔万尼农场女工》等一系列作品中，可以清楚地看到他对现实人物及场景的描绘。写生是编织的构思，基维壁毯创作离不开绘画写生的积淀。然而，他从不满足于只从图片中获得的灵感元素，而是选择用内心感悟现实。正如他所说："现实中的每个人都很特别，如果创作完整的肖像就要很好认识那个人，需要理解他所有的想法，通过与他对话和交流来感受性格，在深入了解的基础上把握内在的精神气质。"❶因此，基维本人、家人及朋友时常成为他编织所描绘的人物，格鲁吉亚著名诗人阿拉·拉姆（Alla Lamm）曾评论他的作品充满深刻而严肃的现实主义，在他许多用来编织壁毯的图稿中都能看见他本人的肖像、肢体及动作。因此，基维编织中的人物并非想象，而是与现实紧密结合，这成为他现实主义风格壁毯的集中体现。比如，取材于农村生活的《团结就是力量》（图3.1）描绘了乡间劳动人民手臂相挽组成一个圆圈，将象征生命和祈福的许愿树置于中央，以此体现在社会主义制度下，人们互助友爱、团结一心的集体主义观念。

在人物塑造中，基维分别借用父亲、自己和儿子三代人的形象，虽然人物装扮相似，但面部刻画迥异。他借用现实与抒情相结合的手法，营造了和谐、温馨美好的生活氛围，展现了从内心世界到现实生活，再升华到整个人类共同关注的社会主题。作品颂扬了格鲁吉亚人民的勤劳、互助、友爱、平等，并且构筑了人与自然的和谐理想世界。壁画般的大型织物所描绘的场景充满了装饰与艺术性，具有浓郁的地域风格及民族特征。

---

❶ 翻译整理自1997年基维·堪达雷里接受格鲁吉亚媒体的采访稿。

图3.1 《团结就是力量》300cm×200cm，1978年

与其表现类似的壁毯还有《耕作者》（图3.2）和《阿尔万尼农场女工》（图3.3），两件作品均取材于现实，基维以开放的现实主义手法描绘生活与人性的真实与丰富，从中挖掘质朴美。《阿尔万尼农场女工》描绘了在社会主义集体经济中，格鲁吉亚东部阿尔万尼小镇纺线女工的劳作场景。整幅画面构图采用均衡的形式，凸显悠闲安静的节奏。远处金黄的麦田、近处五颜六色的花朵，丰茂葱郁的草地，将正在劳作的女工包围其中。浓郁的橙黄色系告诉人们这是秋天，也是格鲁吉亚最美的季节和农民喜获丰收的节日。柔和温暖的光线和人物脸上洋溢的微笑，表达了劳动带来的喜悦，诠释出社会主义大家庭中的幸福生活。

《耕作者》虽尺幅不及《阿尔万尼农场女工》，但仍不失对人物精神面貌细腻而真实地刻画。辽阔的高加索原野、起伏的山脉，衬托出人物强健的体魄、坚实的造型、稳重的步伐，厚重的色彩增加了画面的庄重感。作品柔美中充满了坚毅、粗犷中融入细腻。通过构图、色彩和光的雕琢，谱写出对勤劳农民的赞美之歌。

然而，取材于现实并不等同于完全写实。虽然基维十分看重现实取材的意义，但在创作中他尽量避免写实的绘画规则，而将关注点倾向于柔软材料的温润情感以及塑造的肌理效果中，寻求现实中的装饰之美，体现壁毯独有的韵味。

　　基维的壁毯中除了具有苏联现实主义绘画特征之外，还与同时代国际壁毯艺术的发展趋势紧密关联。当现代壁毯艺术之父让·吕尔萨投身于壁毯创作之时，就已经意识到壁毯不是绘画的拷贝，而是在写实基础上进行适度概括与抽象，这样才能更适用于编织，并且满足装饰审美需求。基维塑造了绘画般的宽大笔触，将现实精炼，虽然省略了细节，但不失对事物本质的刻画，从而做到简约而不简单、概括而不概念、真实而不虚空，吸引观者融入

图 3.2　《耕作者》220cm×190cm，1978 年

图 3.3　《阿尔万尼农场女工》200cm×310cm，1975 年

其中，产生共鸣与深思。《去打水》《家庭》《山地遇》等作品均为概括与现实的结合之作，也是基维在现实主义基础上进行装饰化的思考探索。《去打水》（图3.4）中三个女人的服饰、体态基本相似，而曲线描绘的人体轮廓不仅具有音乐般的韵律，并且与直线条的背景建筑形成对比，从而突出女性的柔美。

《家庭》（图3.5）中的人物表现具有强烈的装饰性，与背景相互融合，充满了稚拙与原始。外部景观和人物体态表现相统一，展现了丰富和谐的精神世界。《山地遇》（图3.6）是对装饰风格探索的现实主义代表作，从人物装扮和建筑造型中可以看出，作品描绘的是格鲁吉亚西北部斯瓦涅季（Svaneti）。将现实进行归纳，既突出形式感和艺术审美，且不失生动性与情感的表现，基维再次以深厚的造型功底、扎实的绘画基础、对现实的独到解析，创作出别具一格的壁毯艺术。

总之，基维在现实主义风格的壁毯创作中，将复杂的造型提炼出概括的形式，寻求写实与抽象之间的平衡，同时传递出深刻的思想内涵，是他在苏联时代壁毯艺术的主要特征。

图3.4 《去打水》
200cm×300cm，1973 年

图3.5 《家庭》
200cm×330cm，1972 年

图3.6 《山地遇》
200cm×100cm，1971 年

二、石窟壁画的影响

在壁毯题材的选择中，基维格外注重对民间传统文化元素的挖掘，圣像画、农民画都是获取创作灵感的主要来源，以此创造一种植根乡土的绘画原则，将纯真、粗犷的本土艺术推崇备至。

基维的家乡萨加雷卓是一个静谧安逸的村庄，这里的民房排列整齐而有致，色彩深沉且安稳。村中植被浓郁茂密，石砌的方形尖顶教堂错综掩映其中，这些都成为村中的典型景致。萨加雷卓是教堂和修道院的集中地，这里的教堂大都建造于中世纪晚期，比较有代表性的是圣·乔治（St.George）教堂、圣母玛利亚（St.Mariam）教堂、十字（Cross）教堂、几十公里之外的尼诺兹明达教堂（Ninotsminda Cathedral）和大卫·嘎烈之（Davit Gareji）修道院。大小不同的教堂将整个萨加雷卓镇环绕于神圣的氛围之中。其中至今保存完整且规模最大的大卫·嘎烈之修道院，始建于公元6世纪上半叶，地处格鲁吉亚荒芜、贫瘠的沙漠地带，是古代东正教徒和国王在山上修造的寺院。

据记载，公元6世纪，在圣女玛利亚（St.Mary）和圣约翰（St.John）的带领下，亚述人的祖先来到格鲁吉亚，并将他的门徒带到格鲁吉亚东部进行传教。其中传教士大卫（St.David）和他的弟子在卡赫季州地区一座岩石凿成的建筑群内独居修行。该建筑群有5000个僧侣的房间，其中包括数百个在岩石表面凿出的小室、教堂、礼拜堂、住所等。日复一日，年复一年，虽然时光的侵蚀让石窟遭受了不同程度的破坏，但是独特的自然条件却让珍贵的壁画保留其中。这些壁画大多绘制在拱顶、圆形穹顶和寺庙北墙上，很好的记录历史，描绘了传教士大卫及他弟子的宗教礼拜和日常生活场景（图3.7、图3.8），嘎烈之的石窟壁画以叙事性方式展现了东正教传统绘画及肖像画的特征，坚硬的线条、比例与透视的变化和平面化的装饰处理，代表了从写实主义向抽象形式的过渡，不同于希腊和拜占庭壁画。凝聚鲜活色彩和传达生动情感的图像具有典型的格鲁吉亚民间风俗画的特征，充满浓郁的民族地域特色，极具象征性和表现力。这些壁画艺术不仅成为追溯历史的遗迹，而且被认为是格鲁吉亚中世纪艺术的瑰宝，并且对基维壁毯艺术产生了重要影响。

基维擅长编织以人物为主体的叙事性壁毯，作品构图的安排、人物造型都与壁画有着密不可分的联系。正如他在德国萨尔布吕肯（Saarbrücken）市举办个人作品展时所说："格鲁吉亚古老的壁画对我影响很大，我对它们的绘画技术与效果从来都是不断欣赏、不断羡慕，其表达方式是我创作的源泉，壁画

图3.7　大卫·嘎烈之壁画《大卫和他的弟子》　　图3.8　大卫·嘎烈之壁画《天使刺杀蛇》

艺术严肃而朴实，诚恳而庄重，壮丽到像纪念碑艺术一样，但不亚于纪念碑艺术给人的感受，这种感受正是我在壁毯创作中一直探寻追求的"。可见，格鲁吉亚壁画为基维壁毯输送了新鲜的民族养分，构筑基维作品的表现灵魂，基维将对壁画的感受自然而然地融入壁毯创作中，主要体现在以下几点。

1.均衡对称的构图

大卫·嘎烈之的石窟壁画大部分是对称或均衡的构图形式（图3.9），无论是墙面还是拱顶的壁画，以圣像为代表的主体形象均位于中间，四周环绕的大天使和福音传教士以及各种装饰图案，依次呈均衡或对称的形式排列，最终构成稳定的画面布局。

格鲁吉亚宗教装饰艺术中，折合式的双联画和三联画，是对称构图的典

图3.9　大卫·嘎烈之石窟壁画

型艺术代表。依据图像学研究，中世纪三联画虽创造了诸多场景和形象，但形式结构和组织方式简单有趣，在装饰艺术中非常突出。三个板块是一个题材，主体形象位于三联画的中间板块，鲜明且突出，左右两个板块的形象与中心相统一，呈对称均衡的形式。三联画通过宗教艺术审美，探寻不同材质的连接功能，并且用多种技法表现。画中雕刻的铭文成为追溯历史、研究文化遗产和揭示作品内涵寓意的主要依据。

基维的壁毯借鉴三联画式的构图，作品《土地的依恋》（图3.10）和《我们每天的面包》都是典型的代表作。在《土地的依恋》中，左右两个板块呈对称均衡的形式，两侧场景的表现概括、模糊，有远去之感。以此突出中间板块的核心人物——格鲁吉亚老农，他的形象被放大且占据了整个空间，基维借鉴格鲁吉亚石窟壁画中常用的缩短人物造型方式进行表现，重点突出手的形态。老人历经沧桑的双手充满着勤劳、勇敢和坚强，是富有爱国精神和民族情怀的双手，他将国旗捧在手中，将无尽的关切融化在心中。

作品《我们每天的面包》受大卫·嘎烈之石窟壁画的启发，壁画中卡赫季人手中的面包给基维留下了深刻印象。面包是格鲁吉亚人民的食物之源，生存之本。因此，基维决定用壁毯来表现农民用勤劳双手缔造的幸福生活场景，编织中他仍借鉴三联画的构图形式呈现。壁毯两侧描绘人们割麦、收麦和准备面包材料的过程，中间板块展现人们拿着做好的面包欢愉的场面。

图3.10 《土地的依恋》38cm×60cm，1991年

除了三联画式构图之外，基维的绝大部分壁毯以均衡或对称的构图形式呈现，如作品《见面》《彼罗斯曼尼和古第阿什维利》《亚当夏娃》和《和平》等。曾有艺术评论家将均衡、对称构图式的壁毯称为"基维艺术的典型组构方式"，这一方式不仅带有格鲁吉亚宗教艺术的构图特征，还有强烈的装饰美。

2.夸张的透视

9～10世纪格鲁吉亚宗教的圣像画艺术，无论是石雕、壁画还是马赛克镶嵌，都呈现出典型的造型特征。在表现中将人物比例缩短而刻意放大头部和手部，以此体现人类的智慧和勤劳。其中以来自奥比萨（Opiza）教堂的阿烁特·库拉帕拉特（Ashot Kuropalat）浮雕最具代表性，这组石雕成为格鲁吉亚纪念性绘画的典型。在格鲁吉亚历史中，阿烁特是伊比利亚（Iberia）贵族的儿子，他有强烈的爱国情怀，一生努力破灭阿拉伯控制的第比利斯，建立自己世袭的公爵领地，恢复格鲁吉亚原来的城堡，守护宗教文化，建立真正的东正教堂，浮雕塑造中的人物比例缩短，手的形象格外突出（图3.11）。手在格鲁吉亚的圣像画中有特别的含义，尤其是当人物比例缩短之后，手的形态更加突出，宽大的手掌凝聚精神的力量和深刻的思想寓意。正如在大卫·嘎烈之的壁画《基督的荣耀》中，基督饱满的手形成为视觉焦点。它的造型

图 3.11　石雕阿烁特·库拉帕拉特

被仔细刻画，每根手指都有完整的轮廓（图3.12）。而在壁画《耶稣的受难》中，执行处决的手是直接、粗暴和原始的形式。基维在编织时借鉴了中世纪壁画的表现原则，尤其当涉及人物造型时，着重强调人的位置、动作及手势。他用灵巧的编织塑造了农民勤劳的双手，强调了厚重有力的手掌，以此象征力量（图3.13），而在表现天使与女人的双手时，基维则强调纤长灵巧，这是温柔与智慧的象征，突出贤良、纯洁的心灵美。

3.色与线的艺术处理

格鲁吉亚古老壁画的表现，除了均衡的构图与装饰之外，在细节描绘中还表现为线与色的组构特征（图3.14）。传统的圣像画艺术可追溯到基督教早期，从人物面部和服装的塑造中可以看出线与色的处理方式。不同线条依据现实形态，以色彩渲染的方式呈现。人物面部没有喧闹的色彩，整体而统一，红褐色和暖黄色表现出自然而柔软的感觉。服装中悬挂的皱褶厚实且沉重，并且在穿着中与形体相吻合，光滑顺畅的褶皱随着人体的运动而产生，这一点保留了希腊的现实主义特征。大卫·嘎烈之以独一无二的圣像画闻名，教堂绘画有时会让人联想到中国的景泰蓝技艺，尤其是雕琢中的线和蓝绿色彩的搭配。

基维壁毯在人物的描绘上参照壁画的表现形式，面部和服装结构处理得十分考究（图3.15）。模糊的面部形象用统一的色彩进行归纳，最后以深色线勾勒出五官。这种表达方式不仅让人意识到线的纹理和形态，并且充分展

图 3.12　大卫·嘎烈之石窟壁画《基督的荣耀》

图 3.13　《耕作者》局部

图 3.14　大卫·嘎烈之石窟壁画《圣女的荣耀》　　　图 3.15　《阿尔万尼农场女工》局部

现出毛线的柔软和编织的塑造力。格鲁吉亚的民族服装具有浓郁的特色，如在卡赫季州，无论男女都会穿带褶的宽大褂子或裙子，而外面又会穿着紧身的马甲或外套，让里面的裙褂出现层层褶皱。女士的服装经常用特质的金属扣扣紧，并且让上面的护胸甲适合于下部裙子褶子的形状。格鲁吉亚东部的赫雷苏维季州（khevsurs），女子穿的短衣经常套在裙子外面，衣服下面自然会出现多条不同颜色的褶皱。基维在表现厚重的民族服饰时，通过线织的技法体现服装的厚重和层次感，既概括又写实，既平面又立体，这些细腻且生动的表现无疑源自格鲁吉亚的古老壁画。

　　可见，均衡的构图、夸张的透视和色与线的艺术处理，是格鲁吉亚壁画艺术的主要特征，在基维壁毯中表现突出。他通过对此艺术语言的深入研究，提炼出可用于壁毯编织的要素。基维壁毯不仅侧重于凸显浓郁的民族与地域特色，而且以质朴的创作情怀将精练与生动、稚拙与抒情、现实与想象、高雅与通俗进行巧妙融合，使其互为补充、和谐统一。

三、苏联社会主义的价值取向

　　壁毯从它产生那一刻起就与建筑有着密不可分的关联，由于隔音、吸声、保暖等功能，成为城堡、教堂中必不可少的装饰物。现代壁毯艺术关注材料的塑造力和手工技艺的文化内涵，相比其他艺术，壁毯更能带给人们精神上的触动和人性化的关怀。当建筑师、画家、雕塑家关注这门艺术时，无疑更加强调了壁毯的审美和公共性。

20世纪纪念碑艺术的发展基于整个世界的文化成就，其中包括苏联社会主义。受人类争取正义的强烈启发，苏联艺术家以其丰富的历史经验参与到纪念碑艺术的创作中。苏联社会主义民主力量决定了纪念碑艺术的内容、原理和意义，它从全民族和人类利益出发，使纪念性的艺术和具有社会现实性的作品占据了艺术文化的重要场所。透过纪念碑艺术，可以看出在正义、平等观念指引下，苏联人民的生活和精神世界。

当艺术家编织大型壁毯且覆盖墙面时，壁毯作为特殊的艺术门类走进空间，其纪念性特征由此显现。让·吕尔萨曾经定义大型纪念碑式的壁毯，具有像壁画一样的场景和深刻寓意。他一语道破了壁毯作为建筑陈设的公共性，体现了人、空间、壁毯三者之间的关联与对话。作为在纪念碑艺术中不断探索的壁毯艺术家，基维的大型壁毯具有纪念碑艺术的典型特征，不仅成为建筑环境中的重要装饰，而且蕴藏了深刻的哲理。

基维的壁毯通常以叙事性情节展开，直接服务于社会和人民，在倡导社会主义意识形态的同时，起到传播教育的作用。启迪思想，宣传正义，传递劳动、和平、团结、友谊的观念成为壁毯内涵的集中体现。其不仅具有艺术性、民族性、文化性，并且给人们带来了视觉震撼和心灵感悟。可见，基维在表现个人内心世界的同时，从整个国家和民族利益出发，创作了大批具有国家意义的个性创作。他的壁毯表现从来没有脱离社会现实，这是贯穿他创作思想的一条主线。20世纪60~70年代，苏联将社会主义民主提升到更高水平，这段时间通过制定相关政策引导艺术创作，从而丰富民族精神、牢固意识形态、发展人们的个性。基维正是在这个时候开始了壁毯编织，这位年轻的艺术家一开始在艺术创作中就与苏联文艺政策和人民利益保持一致。

《山中的节日》《十月旗帜》《和平鸽》《向着太阳》均为20世纪60~70年代基维壁毯的代表作，作品寓意鲜明，思想性强，成为典型的红色主题作品，赞颂了社会主义的伟大与美好。《山中的节日》（图3.16）描述了格鲁吉亚庆祝革命胜利的场景，体现了人民对社会主义的拥护。飘扬的红旗是社会主义政权的象征，骑马的人与自然地域景观相互映衬，描绘出浓郁的地域特征。编织的色彩如同教堂彩色玻璃窗般的艳丽丰富，柔软的羊毛交织出炫丽与多姿，烘托出欢愉的节日氛围。基维通过色线编织肌理与微妙过渡，表现了纤维独特的艺术语言，深化了壁毯的语义。该作品成为基维1981年苏联个

图 3.16 《山中的节日》200cm×300cm，1966 年

人作品展的海报图片，展现了苏联的强大、民主、统一，表现出基维对革命胜利的讴歌。作品《十月旗帜》也充满了鲜明的政治色彩，基维以鲜艳的红旗作为加盟共和国的代表，通过彼此间的环绕、交叠、穿插，象征着坚不可摧的强大凝聚力，体现苏联社会主义的团结向上。看似颇具装饰风格的壁毯，实则蕴藏着深层寓意。《向着太阳》（图3.17）是以人物表现为主体的创作，画面中的人物手挽手，团结一心，迈着刚劲有力的步伐，朝着胜利的曙光勇往直前。粗犷凝重的黑色线条，勾勒出结实且充满力量的体魄，大面积的红色浓烈而炽热，是革命的色彩，暗喻强大的社会主义无产阶级，充满了慷慨激昂之情，统领整个壁毯的表现氛围。这件作品成功开启基维20世纪70年代现实主义风格的表现先河，并且开创了他以人物表现为核心的创作历程。

　　20世纪70年代后，基维壁毯艺术步入成熟期。受苏联现实主义绘画风格的影响，作品的艺术语言更多回归民间和地域文化之中，并以全景画的方式展开描绘。革命的红色主题转为现实的纪念碑，其代表作主要有歌颂劳动人民的三联画壁毯《我们每天的面包》和赞扬民族英雄的《彼罗斯曼尼之梦》。

　　为庆祝十月革命胜利60周年而创作的壁毯——《我们每天的面包》是基维纪念碑式的壁毯代表作之一（图3.18）。他用高3m，宽6m的巨大尺幅，表现了格鲁吉亚农民辛勤劳作的过程。基维借鉴三联画的构图形式，凸显典型的民族艺术风格，充满了鲜明的地域及人文色彩。将中间板块的描绘作为重

图 3.17   《向着太阳》200cm×300cm，1970 年

点，加以精湛细腻的刻画，身穿民族服装的卡赫季人拿着亲手做的面包，洋溢着收获的喜悦。以农耕环境作为背景，使作品充满了浓厚的乡土气息，呈现出温暖和谐的景象。两侧壁毯分别描绘了收获麦子的女人和挥舞镰刀的男人，他们在割麦和准备面包材料，柔和过渡的色彩将麦子和人物之间的穿插层次描绘得极为生动，体现了人与自然的和谐统一。三个板块之间分别织有格鲁吉亚文和俄文，大意为"上帝赐予让人类生存的粮食"。

值得一提的是，该作品集中表现基维在编织色彩中的艺术处理。在编织画面中不仅卡赫季人服装中的蓝紫色和金灿灿的麦田形成鲜明的冷暖对照，并且色彩的组织与搭配表现出不同的时间场景。中间的板块用深红色和冷蓝

图 3.18   《我们每天的面包》280cm×610cm，1977 年

色描绘了日暮，左右两侧则表现了日出，意指劳动人民从早到晚的辛勤劳作，色彩恰到好处地运用体现了一天中的环境变化。英俊的脸庞、有力的手掌、宽阔的肩膀表现出卡赫季农民的勤劳、健壮。这里的戈贝兰编织如同乡间赞歌，不仅体现了劳动的重要，充满了英雄主义和浪漫主义色彩，并且将民间淳朴的劳作神圣化。这件作品被公认是首屈一指的杰作，并且获得了格鲁吉亚美术家协会年度最佳作品奖，被苏联文化部收藏。

《彼罗斯曼尼之梦》是基维另一幅大型纪念碑壁毯，也是他的成名作之一（图3.19）。这件壁毯的表现内容出自格鲁吉亚一位自学成才的画家尼克·彼罗斯曼尼（Niko Pirosmanashvili）之手。彼罗斯曼尼一生虽贫困潦倒、居无定所，但创作了许多描绘格鲁吉亚人民及生活的作品，他的绘画遵照现实，又具有丰富的变化，其笔下的人物是现实生活中各阶层的人民的缩影。虽然从事不同职业、具有不同的社会地位和不同的外表特征，但同属一个民族，并且超越年龄永恒存在。画面中动物的描绘常采用拟人的手法，骄傲的鹿，聪明的狮子、温顺的小鹿、单纯和善良的羊……都高贵、美丽并散发出无穷的力量。不难看出，彼罗斯曼尼的画作与生活紧密联系，这个时代的温暖和冷漠，悲伤与欢乐，苦痛和幸福，都赋予了作品更多的魅力。彼罗斯曼尼总是寻找人类生活的显著特征，每一个场景、每一个细节、每一个面孔都具有重要意义，构成了画面中人类生活的溪流，借此表达对艺术的追求和信仰。从风格塑造来看，彼罗斯曼尼的绘画从不模仿任何一个艺术流派和艺术家，他尊重直觉并且带有天真的情感，以原始性凝聚了对民族和人民的爱，真切中不乏浪漫主义情怀，并带有浓郁的地域文化特色。一方面，他倾向于对所描绘事物的归纳与提炼，看似稚拙，却蕴藏着深刻的哲思与内涵。另一方面，他的画作虽整体和谐有秩，但感性元素多于程式化的理性，从而达到自由地抒怀，游刃有余地表达。与此同时，彼罗斯曼尼还将创作态度转向自己的祖国和人民，描绘格鲁吉亚的自然、人文、宗教，表达人性的善良和对祖国的情感。因此，他的作品不仅得到格鲁吉亚人民的喜爱，并且得到苏联乃至世界艺术界的敬仰，基维·堪达雷里便是其中之一。

在基维心中，彼罗斯曼尼不仅是艺术家，更是民族英雄。他一生无私奉献，其感人至深的作品触动了基维的内心世界。带着这种钦佩与仰慕之情，基维走进了彼罗斯曼尼画中的世界。他搜集了彼罗斯曼尼不同时期的代表作，精心整理且用编织的艺术语言，再次重构着彼罗斯曼尼的伟大与辉煌。

图 3.19 《彼罗斯曼尼之梦》400cm×600cm，1977～1979 年

大型作品《彼罗斯曼尼之梦》在这样的条件下诞生了。

编织前基维用油彩精心绘制了40余幅画稿，将彼罗斯曼尼和他画中的形象进行深入解读，并为画面的组织构图精挑细选。他将彼罗斯曼尼的肖像位于编织画面的中心，悲伤且充满思考的面容十分传神。他左手拿着画板，右手点燃一支蜡烛照亮画中的世界，来自不同社会阶层的市民和带有不同象征意义的动物，均衡展现在24 ㎡的毯面中，每个形象的塑造完全遵照彼罗斯曼尼的绘画，展现基维对画家及作品的尊重。为了让表现更加生动，基维运用写实且细腻的色彩，使其充满无限的变幻与张力，在考虑每一个局部、斟酌每一个细节时，都要花费很长时间去思考、推敲，从上千种色线中寻找最适于表达的色彩。最终使编织画面整体中有细节，平静中有对比，和谐中有跳跃，如此精湛繁复却并没有让观者感到凌乱赘余，反而获得自然的美感。

此作虽然在表现内容上遵从于彼罗斯曼尼的绘画，但在事物的连缀中别出心裁，选择最能体现编织魅力的表现方式——云雾的穿插及表现。基维经过反复思考和尝试，选择用云来串联画面，以体现梦的主题。一方面，云将静止的事物变得活灵活现，穿插于云层中的形象，既隐匿又显现，既概括又详细，平面中出现了层次和空间，静态中出现了动势与起伏，增强了画面的趣味性和生动性；另一方面，云的色彩变换创造出戏剧性的感受，诗意般的抒情交织着色与光的梦幻氛围，增添了神秘性，表达出超现实的梦境。正如基维提到的："当我第一次在法国罗浮宫看到彼罗斯曼尼画展时，我非常激动，想象着彼罗斯曼尼画中的人物，他们仿佛在与我对话。❶"作为幻想的现实主义者，彼罗斯曼尼心中有一个梦，这个梦是安静祥和的世界。而作为壁毯艺术家的基维，内心深处也有一个梦，那就是希望彼罗斯曼尼的画永生。

基维花费了三年时间，用戈贝兰编织技艺完成对彼罗斯曼尼世界的塑造，借此展现一个民间画家在文化和艺术中的巨大作用，证明画家的价值和他的人性及道德。时至今日，这件作品仍然悬挂在彼罗斯曼尼博物馆中，色彩与形式相得益彰，相辅相成，充分说明基维对壁毯艺术的虔诚追求与不懈坚守。他将敬仰和崇拜朝向核心人物——彼罗斯曼尼，彰显了鲜明的民族立场，最终成就不朽的杰作。无疑，这件纪念碑式的壁毯很好地替代了语言文字，让每一个进入博物馆的人首先了解到彼罗斯曼尼及他的绘画历程。它亦

---

❶ 翻译整理自1997年基维·堪达雷里接受格鲁吉亚媒体的采访稿。

宛若温和的暖风，给冰冷的建筑石材带来抚慰，并将情感关怀注入其中，彼罗斯曼尼的精神由此获得升华。

可见，苏联时期基维的壁毯集中体现了社会主义民主思想、爱国主义情怀，人道主义观念，其寓意深刻且刻画独到。他以凝练、概括的风格将人与自然、劳动与生活、民族与精神进行传播与颂扬，以此体现他的人生观、创作观和民族立场，并且展现了艺术家个人的风格特征，集中唱响社会主义、集体主义、英雄主义的主旋律。基维的思想深度、充沛感情和娴熟技艺，体现出身为天才艺术家的禀赋。作品中浓郁的思想性和表现力，诠释出艺术家应有的学术素养以及对人民和社会的责任与贡献。从基维的纪念碑壁毯中，不仅看到苏联人民生活和精神世界的重大变化，并且体悟到社会主义的价值与影响，从而形成普世的教育意义。因此，基维的壁毯不仅属于格鲁吉亚，还属于世界上真正渴望幸福、团结的民族。

第二节　现代主义的风格特征

一、现代主义艺术的渗入

早在20世纪初，俄罗斯先锋派艺术崛起时，欧洲现代主义艺术便进入苏联艺坛，并且影响了各个加盟共和国的艺术发展及演变，格鲁吉亚一时间也出现了许多先锋派艺术画家。他们通过学习，同时接受苏联现实主义和欧洲现代主义的艺术风格，导致了从传统写实风格向现代主义风格的转变，第比利斯率先成为先锋派艺术聚集的场所，象征主义、未来主义、立体主义等风格汇聚于此，与现实主义风格进行不同程度的融合与碰撞，呈现出百花齐放的艺术局面。这时艺术家的创作混杂着多样的特征，承载着激情的转变。比如，从法国回来的格鲁吉亚艺术家大卫·卡卡巴泽（David Kakabadze），着重于将欧洲的艺术与格鲁吉亚民族传统相结合，创作了带有立体主义风格的自画像和一系列抽象的风景画作。拉多·古第阿什维利（Lado Gudiashvili）不仅是一位画家，还是著名的诗人。他将格鲁吉亚民族文化与法国象征主义创造有机联系，其中戏剧性的怪诞与诗意的神秘魅力相得益彰，展现出古代高加索和波斯艺术文化的交叠。海伦·阿赫维里迪阿尼（Helen Akhvlediani）是格鲁吉亚著名的女画家，她无论置身何处都心系祖国，以印象派的创作风格表现格鲁吉亚的自然景观和她的家乡特拉维（Telavi），其作品《冬日》参加1924年的巴黎秋季沙龙，成为首个参加巴黎艺术沙龙的格鲁吉亚画家。这些艺术家不断地进行着各类艺术活动和展览，在传统现实主义绘画中进行象征性、超现实性和立体性的建构，这一趋势成为格鲁吉亚现代艺术发展的标志。

20世纪60年代初，随着苏联文艺氛围逐渐恢复自由，现代主义画风再度兴盛，使苏联绘画综合了不同的风格及表现，成为现代艺术发展的一个分支，并透露着浓郁的地域性。尽管苏联现实主义艺术持续了50年，但欧洲现代主义仍然影响了格鲁吉亚未来艺术的发展。这个时代，格鲁吉亚打通了通向欧洲现代主义艺术之路，艺术家们在古典与现代、传承与创新中不断摸索实践，试图从欧洲文化中寻找自己。格鲁吉亚现代艺术的发展趋势，对壁毯及装饰艺术的发展无疑起到了引领作用。

在众多的艺术家中，基维成为深受现代主义艺术影响的壁毯艺术家。与法国传统戈贝兰壁毯相似，他的壁毯艺术从产生那一刻起就与绘画保持着紧密的关联。复兴古典戈贝兰意味着在传承古代绘画式壁毯观念的基础上进行改革和创新，只不过表现形式要随时代的发展而发展、艺术的演进而变化。从基维的创作历程来看，由于20世纪60年代编织技艺的提升，70年代他的作品逐渐步入成熟，且更具艺术性及表现力。基维的壁毯逐渐脱离单纯的装饰而走向绘画的形式语言，这个时期他创作了一系列大型的壁毯作品。然而，受苏联绘画风格的影响，这些具有现实主题及内容的壁毯，虽然让世人看到手工编织蕴藏的潜质和艺术特征，提升了工艺美术的层次与地位，但在某种程度上由于过多强调作品的题材内容而限制了创作自由。20世纪90年代前后，随着西方现代主义艺术的渗入和创作观念的转变，基维壁毯艺术的表现趋于多样化，他更多倾向于现代主义的艺术风格塑造。

二、立体与现实并存

早在画家马蒂斯、毕加索、杜菲等艺术家投身于壁毯艺术创作之时，就已将立体解构的形式语言带到编织中。受20世纪40～50年代法国抽象艺术运动影响，鉴于非具象绘画语言与编织的类似，许多现代主义画家不断将艺术创造转向壁毯编织。享誉世界的洛桑国际壁毯双年展早在第四届时就出现了大量的抽象与立体主义风格作品，几何化的构象、符号般的概括在壁毯表现中层出不穷。如以毕加索为代表的法国艺术家成立了立体派，体现出对壁毯、彩色玻璃镶嵌和马赛克艺术的浓厚兴趣，他们凭借不同材质的造型和色彩来抒发情感。受现代主义和机械主义影响的艺术家费尔南·莱热（Fernand Leger），成为典型的机械立体主义风格代表。他的作品表现了工业革命影响下的现实社会，以编织表现直线与曲线、坚硬与柔软、平面与立体，柔软的材料将情感带入机械的几何形式中，完成了从绘画到壁毯的建构。

这种趋势使诸多现代壁毯艺术家对壁毯重新解读，基维便是其中之一。立体主义风格在基维晚期的壁毯创作中较为突出。他通过经纬编织形成的45°角将画面进行切割与归纳，基于现实将物象打散重构，强调块面构成，巧妙结合几何元素进行组构，从而塑造了编织中的立体主义风格。与现代立体主义绘画不同的是，基维在分割画面时，仍然在局部中采用写实的方式，并将现实而丰富的色彩赋予其中，让理性的几何结构具有生动的情感表现，简洁形式中充满丰富的思想内涵，自由概括中不乏精湛微妙的细节，再现了既抽象又生动的艺术效果。

创作于20世纪70年代的《第比利斯小夜曲》系列，是基维最早尝试以45°编织方式组构画面的壁毯作品。同立体主义绘画一样，他打破了焦点透视的方法，将建筑场景进行解构，令其错落有致。在人物形象的处理上，仍然遵从现实，生动的物象与几何式的建筑背景，构成形式对比，增强了画面的趣味性。这是基维以编织语言，在现实表现与立体风格结合中的探索性尝试。

基维对大自然的喜爱胜过一切，他认为自然之美是任何事物都无法逾越的。"每个人都应该生活在远离城市的地方，在自然中心。如果人与自然密切，就能更加理解自己。"[1]这是基维对人与自然关系的理解。对于钟爱自然的基维来说，90年代他创作了很多表现田园美景的壁毯艺术。其中有相当一部分表现高加索的地域景观和萨加雷卓的乡间景色：辽阔深远的天空、层峦叠嶂的山峦、郁郁葱葱的植被，大多以块面的造型进行概括，以色彩交叠的绘画笔触加以体现。厚重、凝练或写实的色彩与归纳的形象相互对比、互为补充。基维通过编织肌理的微妙过渡塑造出叠加、虚实、远近的层次，此构成视觉平衡与和谐有致的画面，以此塑造典型的"基维立体主义风格"，即简单中有复杂、概括中有写实、大胆中有规则，而色彩的丰富又避免了形式单调。对于基维来说，无论形式如何精炼，色彩既和谐又丰富。《萨加雷

---

[1] 翻译整理自1997年基维·堪达雷里接受格鲁吉亚媒体的采访稿。

卓的秋季》（图3.20）是基维风景题材中的立体主义风格代表作，秋季在格鲁吉亚是温和宜人的季节，具有诗一般的优美意境。基维钟爱并擅长描绘秋季景观，金色的阳光洒满山坡，浓厚、温暖、和谐的色彩让人联想到丰收景象，这是大自然对人类的馈赠，也是家乡萨加雷卓的缩影。基维以概括的编织笔触描绘秋的景致，将现实予以归纳，并隐匿着灵动。山坡上的房子成为点睛之笔，这是萨加雷卓著名的圣母玛利亚小教堂，它位于山坡最高点，好似圣灵守护着整个村子，祈祷与保佑着萨加雷卓的村民。与此有相似表现方式的还有《萨加雷卓印象》（图3.21）与《丁香花》（图3.22）等作品。

现代主义绘画史告诉我们，虽然立体主义最初源于工业文明社会，是现实在画家精神世界中的反映，但此形式的绘画并非一味带给观众冷漠与机械。以毕加索为代表的立体主义艺术家，在"综合立体主义时期"便开始注重事物原本的形态和丰富的色彩，不再一味追求几何式分解和构成的美感，而是利用不同素材组合画面。基维的立体主义风格壁毯也具有情感的特质，他将柔软的羊毛材料、精湛细腻的编织工艺带入几何与立体画面中，不仅唤起人们对大自然的深厚情感，并且融合手工艺的人文内涵，增强立体主义风

图3.20 《萨加雷卓的秋季》
65cm×42cm，1994 年

图3.21 《萨加雷卓印象》
70cm×53cm，1991 年

图 3.22 《丁香花》99cm×106cm，2000 年

格作品的韵味和情调。

三、超现实主义情感

超现实主义从词语解释来看是"纯粹的精神自动主义"，它以口语、文字或其他方式表达思想，不受理性控制，不依赖于任何美学或道德偏见。20世纪80年代末，当基维开始尝试现代主义艺术的不同表现方式时，其作品已然超越了物质局限与经纬束缚，技术与形式服从于自我。他主观地将形象进行夸张变形，以想象的方式组构画面，使之脱离了原本状态，遵从主观情感，色彩表现强烈并且充满光感，最终融入梦的意境。基维的超现实主义风格编织，在基于现实的基础上高于现实，表现出纯粹的感性世界。

1.幻想式的创造

基维在壁毯创作中始终强调思想观念的重要性。他认为戈贝兰需要观念，如果画面形式跟作品主题没有任何关系，那么就失去了表现的意义。因此，他将编织焦点凝聚在观念的传达上。创作于90年代的作品《镜》（图3.23）就是表达基维内心声音和情感的超现实主义代表作。"镜"寓意反射，既可以延伸扩展，也可以改变创造。透过镜子可以看到另一个世界中的自我。同样，壁毯《镜》也反映了基维四十年来的心路历程。他在此作品中将个人的形象作为主体，进行内心世界的呈现和心灵深处的独白。画面的组构、色彩的表现、形象塑造都服从内心的观念，悬而未决的人生思考汇聚了波动与平静、呐喊与沉默、悲伤与幸福。这种潜在的情感升华了编织的寓意，也是作者对人生的体味和对创作历程的回顾与反思。

　　基维壁毯所描绘的内容不仅是对现实的复制，还是对超越现实的幻想和憧憬，他以联想和想象的方式塑造了一种耐人寻味的新奇感，经纬交织的韵律似抒情诗一般地被呈现。正如超现实主义画家马克·夏加尔（Marc Chagall）将现实事物和浓郁色彩引入立体主义空间中，思考探索现实之外的艺术语言。他的绘画充满梦的意境，并且寄予了想象。

　　基维的作品《记忆》与夏加尔的艺术创作观不谋而合，他以编织的形式打破了现实的时间和空间，将表现事物放大或缩小，主观地组织画面。凭借联想和想象，构筑形象之间的联系，以童真般的直觉，直观地显露出内心的

图3.23　《镜》76cm×64cm，2001年

世界。该作品创作于格鲁吉亚社会动荡年代，画面中的事物超越了现实，无拘无束地邀游在美丽的童话世界中，追寻向往的美好与爱。整个作品恰如一首超现实主义的幻想诗，不仅展现出想象画面，并且呈现出梦的意境，基维借此诠释情感，表现对美好理想世界的渴望。

2.现实的构想

基维的作品除了重构一个不存在的场景之外，还有对唯美现实的雕琢。他往往将真实情感融入超现实语境中进行表达。

格鲁吉亚独立后，并没有向人们所希望的方向发展，社会动荡带来的严峻形势使其经济走向了下坡路。有着强烈爱国之情的基维，以编织表露内心的焦虑、压抑与苦闷。他在现实的基础上开始了超现实的想象，传达出对美好未来的向往。

20世纪90年代初，对于有着强烈民族责任心的基维来说，却因讲学身在国外。他白天在中央工艺美术学院授课，传播戈贝兰编织技艺，并极有耐心地对中国学生进行辅导和交流，从未透露内心的声音。但到了子夜，却因心系祖国安危，以编织吐露自己的内心情感。就在格鲁吉亚独立前夕，他怀着对未来美好的期盼，创作了具有超现实主义风格的壁毯作品《第比利斯的黎明》（图3.24）。画面以传统的第比利斯建筑为背景，将踟蹰的人物动态和惊悚的表情，连同古老的建筑一起笼罩在暗夜之中。作品中基维对人物面目表情的刻画尤为生动，恐惧、沉思、惆怅、平静等迥异的神态，凸显了人物复杂的内心世界，增添了阴霾笼罩下的感情色彩。位于画面中心的天使形象被放大夸张，她身着洁白的衣裙，覆盖了整个身体，安详的面孔仿若一道希望之光，将和平、美好和幸福洒向人间。有着强烈明暗对比的编织色彩展现出国家所处黑暗，并暗喻即将到来的黎明。该作品大胆地表露基维的主观情感世界，彰显了艺术的表现性和创造力，充满了想象和寄托。

《家园守护神》（图3.25）是另一幅体现爱国情感的力作，创作于格鲁吉亚刚刚独立后。画面中的人物成为视觉焦点，他被看作拯救格鲁吉亚民族的"神灵"，也是格鲁吉亚民众代表。他怀抱着祖国大地，悉心抚慰着被战争摧残的灵魂，发出哀叹的声音。此作集中表现了格鲁吉亚刚刚独立后发展艰难缓慢，战火连绵让人民生活仍旧处于水深火热之中，也让基维陷入了迷茫与困惑。作者将虚幻的空间、鲜明的形象、丰富的色彩融入壁毯编织，并注入浓郁的人文主义情怀。通过对人物神态细致入微的刻画，展现了无尽的哀

图 3.24 《第比利斯的黎明》
90cm×70cm，1990 年

图 3.25 《家园守护神》
90cm×130cm，1992 年

思，体现出对祖国前途的忧虑和对美好未来的期盼。

可见，基维的超现实主义风格主要有两方面表现，一方面基于现实的想象，另一方面是构筑幻想与唯美。壁毯艺术再次成为他主观情感的依托和构筑精神世界的载体。

除了超现实主义情感的表达之外，基维还借抽象的形式抒发情感。他的抽象风格作品曾被格鲁吉亚艺术家乔治·马斯哈拉什维利（Giorgi Maskharashvili）称为"用线塑造的油画"，线的肌理塑造出特有的激情和内涵，并同和谐的色彩相呼应。基维渴望将他的观念抽象化、几何化、符号化，以精炼的形式诠释丰富的情感，彰显精神价值，把思考和想象留给观众。不难看出，基维抽象形式的壁毯，充满耐人寻味的思考和寓意。

1988年"第比利斯事件"爆发，面对伤亡和流血，基维的精神备受打击。他的爱国热情被激发，将沉思、痛苦、抑郁一并融入壁毯创作中，基维一改以往的现实性描绘，而以精炼的符号和鲜明的对比色直观宣泄情感。作品《惨案》（图3.26）就是创作于那时的代表作之一，基维借中国传统阴阳观的哲学思想，以黑白两色做比喻，并将其分割画面。"黑"代表了深邃的大地、黯淡的土壤；"白"象征着清新的空气、明媚的阳光。其间一条夹杂着鲜红血脉的树根，从上到下贯穿于整个画面，打破了黑白的僵持成为视觉焦点。该作品构图均衡，简约鲜明，虽然没有缤纷艳丽的色彩，但思想性强。柔软的戈贝兰编织塑造了无数根挺拔有力的树根，诠释出坚韧不拔的力量。跳动的血脉则好比涌动的灵魂和生命，它深深地扎进在泥土之中，并跃然于大地之上。从黑暗伸向光明，从阴霾朝向阳光，体现了格鲁吉亚人民不屈不挠的民族精神。

与《惨案》相对应的作品《阴阳》（图3.27）同样运用中国传统哲学思想。基维带着惆怅的情感投入壁毯创作中，无论是作品的构图，还是色彩运用，都与《惨案》极为相似，但表现形式更为明快、简洁。黑白两色诠释了万事万物对立统一的关系。虽概括但内涵丰富，既鲜明又充满张力。基维再次借用黑白两色的内涵寓意，并且上升到哲理性的思考，以此表达惆怅而复杂的思绪。作品中洒溅的斑驳血迹，俨然构成一个警示符号。它与黑白两个三角形形成交叉，构成否定的意指，直陈作者对不稳定社会局势的悲愤控诉与对格鲁吉

图3.26 《惨案》
140cm×70cm，1988年

图3.27 《阴阳》80cm×80cm，1993年

亚和平的热切呼吁，表达对所处水深火热生活中百姓的怜悯和同情。

与格鲁吉亚独立前后的抽象作品相对应，基维晚期的抽象风格壁毯则充满浓郁的情感与诗意。他将事物进行抒情与美的提炼，虽赋予抽象化的语境，但充满起伏的韵律，显示出和谐美好的气氛。在格鲁吉亚艺术中，诗和音乐与古老的国家文化并存，历史悠久且异彩纷呈。如今，又为民间所喜闻乐见，成为格鲁吉亚美的赞誉和精神寄托，展现了人们对美好世界的无限憧憬与追求。

诗是基维创作的灵感，他的戈贝兰壁毯是妙笔天成的诗句，经纬编织的节奏与抑扬顿挫的韵律浑然一体。他生前的最后一件作品《四季》之三（图3.28）就是在诗的感染和影响下所创作的。其灵感源自一部赞美自然的诗集，生动质朴的语言，写实浪漫的情怀，真切的感受，全部融化于字

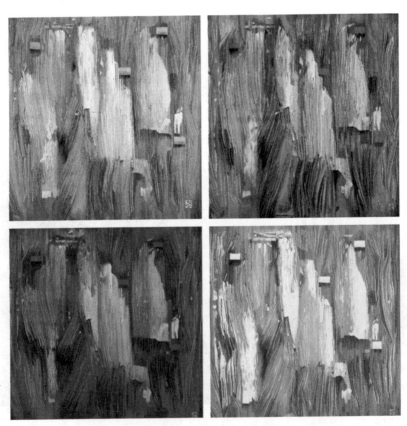

图3.28 《四季》之三，100cm×100cm×4，2006年

里行间。基维用壁毯艺术很好地诠释了诗的主旨，充满了对自然和生活的热爱。《四季》之三表现了抽象的线面和丰富的色彩，毛线经过编织，塑造出纤细而生动的线条肌理，但并非是逻辑化的组构，而是充满韵律与美感的自由交织。抒情动人的节奏，皆随情感的变化而变化。同类色彩之间并没有因相近而重复，而是让层次更加鲜明，形式更加强烈。春和冬虽均以冷色调为主，但也有细微的差异，在相似的冷色调中，春增添了暖紫和暖黄色彩，削弱了冷的色温感，突出春寒料峭中的柔和。冬则只用白色和蓝色，突出凌厉和寒冷。夏和秋以暖棕色调为主，嫩绿和黄绿让夏的画面更加生机盎然。而秋阳杲杲，橘棕暖色覆盖的画面凸显了金秋时节的美不胜收。无疑，微妙的色彩呈现出四季之美，绘画般的编织笔触随意而生，随情而动，蕴藏着浓浓的诗意。

作品《风》（图3.29）的灵感来自基维童年经常吟诵的一首诗，他凭借线和面表现诠释对风的感受，线的走向、大小，面的深浅、虚实，被整体的暖棕色、黄色系统筹，构成了参差错落的交叠秩序。基维用色线交织，展现了自然的瞬息万变和稍纵即逝，感叹光阴宝贵。精湛的技法让静态的画面中出现了空间和动感，凸显了编织中的四维性，让观者的思维畅游在连绵无尽的想象之中。

《音乐会之后》（图3.30）源于基维在莫斯科听的谢尔盖·瓦西里耶维

图3.29 《风》98cm×125cm，2003年

奇·拉赫曼尼诺夫（Sergei Vassilievitch Rachmaninof）的音乐会。正如抽象主义画家康定斯基所认为绘画中的色彩、线条和空间安排能够组构成音乐般的优美旋律，从而抒发内心情感。基维同样认为乐曲的旋律是可视的色彩，并且有丰富的想象力。将乐曲的声调转变成色彩和线，一边是迸发粗壮线条与强烈对比的深沉色彩，另一边是细腻微妙的抒情与浪漫表现。在整幅作品中，厚重深沉并带有强劲表现力的大笔触线条，位于画面四周，中间包围着鲜艳明亮的浅色。浅调色彩就像涓涓细流，色彩变化既细腻抒情，蕴藏着温柔的特质，又鲜明强烈，与暗哑的深色交相呼应。正如拉赫曼尼诺夫的音乐，雄浑高亢中有悠扬舒缓，激情澎湃中有安谧宁静，充满了既美妙又感人的力量。

综上所述，基维眼中的戈贝兰不仅是工艺与装饰，更是艺术的一种形式。编织所需的材质和技法不仅具有物质属性与工艺特征，还引发了深刻的思考及情感，成为艺术的载体与媒介。无论是与苏联绘画一脉相承的严肃现实主义风格特征，还是受欧洲现代主义艺术影响而出现的立体、超现实和抽象等艺术表现，无论是气势雄浑的大型纪念碑，还是精致的小型壁毯，基维每个时期的戈贝兰壁毯虽取材于现实，但充满多样的艺术风格及审美特征，其观念、哲思皆随社会时代的变化而变化。

图 3.30　《音乐会之后》100cm×135cm，1998 年

第四章

基维·堪达雷里与中国纤维艺术

第一节 基维在中国的壁毯艺术教育及传播

改革开放后，中国与国际的艺术交流步入蓬勃发展时期，以欧美为代表的西方现代美术思潮影响了中国艺术家的创作。20世纪80年代初，美国威斯康星大学（University of Wisconsin）教授、艺术家茹丝·高（Ruth Kao）首次将纤维艺术带入中央工艺美术学院。构思新奇、材料多样、形态各异的艺术作品让当时的中国学生耳目一新，软材料的广泛应用，打破了他们对壁毯的传统认知和原有材质的限定，由此开启全新的艺术探索。随后，保加利亚功勋艺术家万曼·马林·瓦尔班诺夫（Maryn Varbanov）在浙江美术学院创办了"万曼壁挂研究所"，培养了一批软雕塑艺术家。在万曼的指导下，中国艺术家施慧、朱伟、谷文达、梁绍基首次参加了第十三届洛桑展，迈出了中国壁毯艺术走向世界艺坛的重要一步。

在中西交流如火如荼开展的同时，20世纪90年代，与中国纤维艺术有千丝万缕联系的格鲁吉亚艺术家基维·堪达雷里来到中国，他不仅带来了古典戈贝兰壁毯，并且在中国多所院校、企业授课、讲学，亲力亲为传授壁毯编织技艺。让中国艺术家从理论和实践两方面对壁毯及纤维艺术有了系统、全面、翔实的认知。基维的壁毯艺术教育为中国的纤维艺术发展打下了坚实的基础，同时培育了一代优秀的纤维艺术创作者。在基维的影响下，国内许多院校纷纷开设纤维艺术专业或编织艺术课程，中国纤维艺术教育体制日益完善。可以说，20世纪90年代后，中国纤维艺术的快速发展与基维的壁毯艺术传播密切相关。

一、壁毯教育的开端

20世纪70年代末，著名画家、教育家袁运甫先生通过个人设计与社会生产的联系，创作了一系列壁毯，这些作品让他感受到软材料带来的艺术创造，壁毯作为新的实践领域，丰富了他的"大美术"观念。在袁先生的影响下，中央工艺美术学院很多学生投身到壁毯实践中。他们自己设计，经由皋丝地毯工艺厂、北京地毯七厂等企业织制的作品，不断打入国际市场。

随着现代艺术不断走进中国美术界，带来了"85美术"新潮的兴起。这一思潮在摆脱传统现实主义、拓展新艺术语言的同时，也让壁毯这一新式媒介艺术获得了广阔的发展空间。1985年，"首届中国壁毯艺术展"在中国美术馆举办，许多艺术家参加了这次展览，他们的壁毯及纤维艺术作品在公众面前亮相，在中国美术界造成了广泛的影响。自此之后，"袁运甫壁毯艺术展""上海现代纤维艺术展"及各类相关艺术展览层出不穷，其中参展人数最多，规模最大的是由中央工艺美术学院与上海地毯总厂联合主办的"88壁毯艺术展"。此展将中国20世纪80年代的壁毯艺术推向高潮。展出作品题材丰富，形式新颖，既有栽绒地毯，也有以刺绣、编结和缂织技法创作的壁毯。艺术家们着力于美和自然的表现，用柔软的材料塑造了带有视觉和触觉美的佳作，充分展现了现代壁毯的独特魅力。展览除了张仃、庞薰琹、雷圭元、袁运甫、常沙娜、温练昌等知名艺术家参与外，也有不少青年艺术家崭露头角，他们成为壁毯艺术界的新生力量。

1990年，应中央工艺美术学院常沙娜院长之邀，基维首次踏入中国，走入中央工艺美术学院。作为86级染织系毕业班的导师，基维用三个多月的时间传授"戈贝兰"编织技艺。虽然他不是第一个走入染织系的外教，但却是第一个系统讲授壁毯艺术的外国艺术家，由此丰富了染织专业的教学。

为了让学生更好地掌握"戈贝兰"编织，基维采用理论和实践同时推进的授课方式。他一方面介绍了戈贝兰作为欧洲古老手工艺的发展历史、艺术特征及应用价值，强调苏联乃至东欧的"戈贝兰"几乎都是艺术家自己动手，独立完成。指出走向这一艺术圣坛不仅需要艺术创造和技术，还需要理想、境界和付出。另一方面，基维从头到尾亲自示范壁毯的整个设计与织作。在他的指导下，学生们各自独立完成了绘制画稿、制备材料、染色、编织等一系列壁毯创作程序。

绘制画稿是壁毯创作的第一步，学生们依据工艺，通过强调壁毯与绘画的差别，来体现柔软材料的质感和编织韵味，将艺术创作观念与情感落于纸面上。画稿完成之后，进入编织前的首要环节——染线。这项在中国学生眼中原本属于技术工人的活，却被基维拿到课堂中进行艺术般的演绎。也许只有艺术家才知道什么样的色彩是真正所需，稍微出现偏差就会缺失艺术的表现力和意蕴。基维像工匠师傅一样示范染线，将本色羊毛按照画稿色彩所需进行配比，并对染色剂、辅料等有严格的要求与限定。每染一种线都花费20～40分钟，让在场师生看到了从未有过的细致工艺，并且与中国传统地毯的批量染色形成鲜明对照。基维染出的色线像油彩般丰富微妙，即使同一种色彩也有深浅浓淡的变化。为了让编织色彩更加丰富，他一次次地重复，甚至一连几天都不厌其烦。艺术家亲自染色，不再让人觉得艺术是高高在上，而是充满普世的情怀，同时蕴含着淳朴与耐心的工匠精神，这让所有师生无不感到惊讶和敬佩（图4.1）。

整个戈贝兰壁毯的创作核心环节是如何去织。由于观念、技术、条件所限，20世纪90年代之前，中国壁毯创作在动手操作方面始终是空缺，艺术家是设计者，工艺的制作大多依靠工人完成，难免出现因工人不理解艺术家的创作意图，而达不到最终表现要求的情况。基维将东欧壁毯艺术的创作理念带到中国，在教学中强调绘画和编织同出于一人之手。

在编织过程中，基维首先将色线灵活地在手中缠绕，类似绘画之前的设色思考，接着在模拟竖式织机的画框中上经线。一道道经线有序地排列，就像音乐的线谱，也似琴弦，等待乐师演奏美妙的乐章和动听的旋律。织纬是长期的创造过程，也是谱曲与演奏。富有韧性的棉经线与柔软的羊毛纬线

图4.1　基维教学总结会，中央工艺美术学院，1990年

混织在一起，在经纬交织中构筑一片艺术天地。正如基维在鼓励学生创作时常说："戈贝兰作品就是抒情的诗和动听的歌，织纹变化如同交响乐的旋律，紧张、松弛亦紧促、缓慢。"这些话充分语调动了学生的情感、想象力与创造热情。

基维在教学中具有严谨的态度和饱满的热情，他时常和学生们一起创作，全身心投入其中，让编织克服交流障碍，成为一门通用的语言，也仿佛思想纽带，连接了师生之间的情感。基维无时无刻不在洞察学生的内心，将编织中遇到的困难一一解决。他和妻子刘光文老师和蔼、亲切的态度以及轻松、幽默的教学风格，感染着每一位师生，让学生眼中原本漫长、枯燥的编织变得有趣而生动。三个月的时间仿若一瞬，但却对中国编织艺术的发展影响深远。基维教授一丝不苟的教学态度和毫无保留的经验传授，在中国学生心中建立了令人敬佩的形象，让两国人民的友谊在编织中得以传递。

二、壁毯教育的传播

自1990年中央工艺美术学院授课之后，基维在中国大江南北广泛开启了壁毯艺术的传播。他的授课点除了鲁迅美术学院、天津美术学院、西安美术学院、山东省工艺美术学院、南京艺术学院、中国艺术研究院等专业艺术院校和研究单位之外，还有黑龙江大学、山东丝绸工业学校等综合类院校以及山东即墨地毯厂等社会企业。短短十几年，"戈贝兰"之风吹遍了中国大地，基维用壁毯与中国结缘，在传承艺术的同时，也传播了文化和观念（表4.1）。

表4.1　基维在中国的壁毯教育传播（1990～2004年）

年代	院校	学员	授课内容	授课时间
1990年春	中央工艺美术学院	86级染织系	毕业设计：戈贝兰壁毯创作与编织	三个月
1991年秋	山东即墨地毯厂	工厂员工	戈贝兰壁毯编织技艺	两个月
1996年	中央工艺美术学院	93级染织系	戈贝兰壁毯编织技艺	三周
1996年	山东省丝绸工业学校	95级织绣班	戈贝兰壁毯编织技艺	两周
2000年	山东省丝绸工业学校	99级织绣纺织品设计班	几何图形壁毯编织	两周
2000年	山东工艺美术学院		戈贝兰壁毯编织创作	
2002年10月	黑龙江大学艺术学院	2002级公共艺术系纤维艺术专业	戈贝兰壁毯编织创作	两周
2004年9月	天津美术学院	2001级染织系	戈贝兰壁毯编织创作	两周

年代	院校	学员	授课内容	授课时间
2004年10月	鲁迅美术学院	2001级视觉传达设计系	戈贝兰壁毯编织创作	四周
2004年	中国艺术研究院	学院师生	戈贝兰壁毯（讲座）	
2004年	南京艺术学院	设计学院师生	走进纤维艺术四十年（讲座）	
2004年	西安美术学院	环境艺术设计系和特教学院学生	戈贝兰壁毯（讲座）	

1.高等艺术院校的壁毯艺术教育

1990~2004年，基维持续地奔走于中国各大艺术院校，以授课和讲座方式在中国高校传播戈贝兰壁毯。这段时间正值中国艺术处于国际交流发展之时，越来越多的艺术家、设计者、工艺美术师在基维的教学中获得启发和感悟，决定投身于壁毯和纤维艺术的创作中。艺术教育的延续与承接，让基维的戈贝兰壁毯在中国落地生根，令纤维艺术这支队伍不断发展壮大。

作为第比利斯国立美术学院的资深教授，基维在中国高校的壁毯艺术教育是专业而系统的，为了让学生对戈贝兰壁毯有宏观的了解。他首先采用讲座的方式介绍戈贝兰壁毯的理论知识，分享个人的创作经历。当基维将亲手编织的作品呈现在广大师生面前时，他们不禁被其精湛的技艺所震撼，同时又被基维坚持不懈的精神所打动。壁毯毕竟不同于绘画，每一件作品的完成不仅需要深厚的艺术功底，而且要掌握精湛的技艺，集聚天赋、细心和耐心，才会成就好的作品。

接着，基维亲自示范从画稿绘制到订框子、上经线、洗羊毛、染色和编织的每一个过程。将编织工艺上升到艺术成为主要的学习目标，也由此，戈贝兰壁毯课程的大部分时间都是在进行实践操作（图4.2），不大的教室除了容纳本班学生之外，其他学院的师生也都前来观摩学习。基维来之前，中国艺术院校对于戈贝兰壁毯的认识参差不齐。有的学生掌握了基本的编织技艺，能够用壁毯表现简单图形；有的学生却从未接触过这门工艺，戈贝兰壁毯对他们来说是全新的领域。但无论面对何种程度的学生，基维总是以认真严谨的治学态度，耐心细致地指导每一个学习者。当他们遇到问题时亲自给予示范。基维用他的真诚和对壁毯的挚爱感染着每一位师生，调动了他们的创作热情。

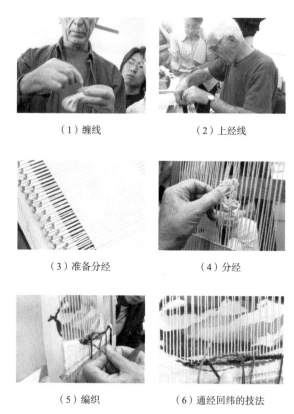

（1）缠线　　　　　　　（2）上经线

（3）准备分经　　　　　　（4）分经

（5）编织　　　　　（6）通经回纬的技法

图 4.2　基维的壁毯教学示范

通过基维的授课，学生们充分领悟到编织的魅力和其中蕴藏的艺术价值，使这门技艺不仅停留在技术层面，且充满特定的内涵。将软材料介入艺术中，成为学生的兴趣热点。这不仅拓展了艺术的材料应用领域，并且丰富了艺术的表现语言，从而开阔了学生的创作思路，无疑，基维带来了中国传统染织专业的革新和进步。

基维壁毯艺术教学，使中国高等艺术院校涌现出很多优秀的纤维艺术创作者，他的学生李大鹏被意大利著名纺织艺术家格拉齐拉·圭多蒂（Graziella Guidotti）评价为熟练掌握戈贝兰壁毯技艺的中国艺术家。时任鲁迅美术学院装饰系主任周见主创的纤维艺术作品《天地方圆》，不仅获得基维的高度评价，并且被艺术理论家张晓凌教授评价为"看得见、摸得着的属于中国人自己的当代艺术"。

2.职业院校和企业的壁毯艺术教育

基维手中的戈贝兰既高雅又大众，因此当他将这门技艺带到中国时，不仅获得艺术家的青睐，并且被企业和工厂学员、工人甚至民众所喜闻乐见。

山东淄博自古属齐国领地，曾以"冠带衣履天下"而著称。20世纪60年代成立的山东省丝绸工业学校，传承当地的历史文脉，成为以丝绸教育为主的专科学校。学校致力于织、绣、染、印等丝绸知识和技艺的传授，向山东丝绸行业输送了许多人才。1996年基维应此学校邀请，为1995级织绣班近50名学生讲授壁毯编织（图4.3）。这种来自西方的毛织壁毯，打破了学生对纺织的常规性认知。为了让他们更好地理解，基维从中国学生熟知的传统缂丝技艺切入，以比较的教学方式，让学生了解两者之间的共性与差异。同时，基维也向学生介绍欧洲和苏联壁毯艺术的发展现状以及第比利斯国立美术学院的壁毯艺术教育，让他们看到并理解这种工艺的价值和魅力。在授课期间，基维接受山东卫视的采访，在面对媒体谈论教学感受的同时，进一步向社会公众传播戈贝兰壁毯。如果说1996年基维在山东省丝绸工业学校的教学是从宏观角度全面系统地授课，那么2000年，基维再次来到该校针对40名非艺术类学生的教学（图4.4），则采取基础授课的方式，由于非艺术类学生缺乏绘画基础，基维以编织简单的几何形体作为教学目的。但他没有放弃对工科学生艺术感知和审美的培训，周末成为他带领学生写生创作的时间，以此提升他们的艺术素养和审美。基维带来了系统的编织工艺，让师生扭转了以设计为主、编织为辅的习惯性认知。授课后，壁毯被纳入该学院的主干

图4.3　基维在山东省丝绸工业学校授课，
1996年

图4.4　基维在山东省丝绸工业
学校授课，2000年

课程，由此创建了迄今为止山东最健全的壁毯编织工作室。

中国壁毯艺术的发展与传统地毯密不可分。20世纪80年代初，艺术家和设计师开始探索地毯技艺，并将其创新性地运用到现代壁毯设计中。地毯厂工人成为壁毯工艺的执行者，可见，基维20世纪90年代初到地毯厂传授戈贝兰技法，是自然而然的事。山东即墨地毯厂在中国地毯企业中属规模较大、发展较快的"领头羊"，厂长高爱英更是喜欢引入先进技术和丰富工艺表现的改革者，他曾参观过法国罗浮宫，被中世纪和文艺复兴的宫廷壁毯所吸引。让高雅的古典艺术不仅停留在博物馆，而是融入大众生活之中，从而促使地毯厂向多元化发展，是高爱英一直以来的心愿，而基维的到来正如其所愿。在为期两个月的授课中，基维以师傅带徒弟的方式一步步亲自传授技艺。不仅如此，他还与工人一起进行创作，编织完成《奔向自由》《我在桂林》《和平》三件作品。基维认真的教学态度，让地毯厂每一位员工深受鼓舞，除了厂里50名学员之外，社会公众也前来参观学习。教学结束后，即墨地毯厂面对公众举办了戈贝兰壁毯展览，吸引了青岛市工艺美术公司及相关的企业前来参观。由于戈贝兰壁毯技艺在山东地毯业界的广泛传播，以至于同行业的地毯厂中出现了专门模仿欧洲古典壁毯图案的"皇宫地毯"。此类地毯运用戈贝兰技艺进行织作，一度成为青岛地毯出口创汇的佼佼者。

从地毯厂到专科学校，再到高等艺术院校，基维传播戈贝兰的脚步不曾停歇。除了在企业授课之外，他还在大连工业大学、中国艺术研究院、西安美术学院、山东工艺美术学院、南京艺术学院持续举办讲座（图4.5、图4.6），

图4.5　基维在山东工艺美术学院举办讲座，
2002年

图4.6　基维在南京艺术学院举办讲座，
2004年

可以说，基维在中国的壁毯艺术教育覆盖了各个层面。但其授课方式明显不同于在格鲁吉亚，由于格鲁吉亚民间自古以来就有传统的帕尔达吉，它与戈贝兰同属于平织毯。作为装饰所需，它不断出现在格鲁吉亚人民的生活中，耳濡目染，让格鲁吉亚学生对这种织物早有熟知。因此，格鲁吉亚的戈贝兰壁毯课程侧重于艺术与审美的表达，将创意表现作为重点。而在中国学生眼中，这种来自西方的戈贝兰是全新的艺术门类，因此，基维将技艺传授作为重点。他充分考虑中国的艺术教育及专业特征，亲力亲为操作示范整个壁毯编织流程，通过轻松教学和手脑结合的指导操作，启发并调动中国学生的积极性，通过对材料和技艺的探索，增强学生的兴趣与热爱，冲淡长时间织做的疲倦。基维以教育的方式，传播戈贝兰壁毯，引领越来越多的中国艺术家致力于软材料的实践探索，并不断走向壁毯和纤维艺术创作之路，他们无疑成为当代中国纤维艺术发展的新生力量和主力军，以此推动了中国纤维艺术的迅速崛起。

第二节　基维壁毯教育的影响

基维在中国长达几十年的壁毯艺术教育，不仅让院校师生和艺术家对壁毯的艺术本质特征有了深入了解，并且强调了"工艺"在艺术设计中的核心位置。他不断引导学生在学习国外壁毯艺术的同时，从本土文化入手，将其中国化，以此开启中国式戈贝兰壁毯的实践探索。

一、基维教学观的启示

1.手工艺的重要性

基维的每件作品无论大小均为亲手编织，毛线对他来说就是创作的画笔和调色盘，经纬线则是纸。基维将画稿看作记录壁毯编织的内容和手段，但在创作中并不受此局限，而是以经纬构筑的编织艺术将其不断完善，凭借娴熟的技艺游刃有余地抒发情感，将思想和灵魂寄托于手作之中，从而产生非同寻常的艺术效果。

基维来华之前，壁毯在中国艺术家眼中仅作为室内装饰的一部分，是为了装点、美化环境所设计，或是作为具有经济效益与创汇价值的商品。那时中国人对壁毯艺术的观点仅停留在应用层面，而并未当成真正的艺术。由于观念、技术、条件所限，20世纪90年代之前，在动手编织方面，中国的壁毯艺术始终是个空缺，以致壁毯虽由艺术家亲自设计，但最终交给地毯厂工人编织完成。因此难免会出现壁毯表现呆板、机械化，缺乏生动性和感染力。

基维将"艺术家是匠人，匠人是艺术家"的创作理念，带入壁毯教学中。以手工实操的教学模式，言传身教地对每一个环节进行讲授（图4.7）。让学生在理解传统编织技艺的基础上，演变出新的技法；在材料的拓展延伸过程中，进行新的艺术形式创造。从而发现并体悟其中的"美"。

众所周知，手工艺与工厂机械织造和先进的科学技术有所区别，手工艺遵循的自然生命规律的创作原理中蕴藏的哲理性、文化性、观念性是当代纤维艺术发展中不可或缺的根基与特质。基维的壁毯艺术教学对中国艺术设计教育产生了广泛而深刻的影响，他以亲自动手的热情，表达出对壁毯艺术的挚爱，感染着每一位师生。因此在中国，壁毯不仅成为纤维艺术的基础课程，并由此启发了艺术设计领域中建立以手工为主的教学形式，即作坊式的"工作室制"。无论染织、工艺美术还是跨学科中的纤维艺术专业，"工作室制"始终作为纤维艺术的主要教学模式，自基维授课后一直延续至今。

1999年，清华大学美术学院创办了纤维艺术工作室。该工作室传承了基维的授课理念和教学方法，同时在理论上进行深入研究，通过积极拓展与国际的交流合作，不断开拓学术新视野。除了清华大学美术学院之外，其他艺

图 4.7　基维为学生们亲自演示编织前的准备工作

术院校也纷纷建立纤维艺术工作室，并设置纤维艺术专业。鲁迅美术学院自基维讲学授课后，于2006年开始面向全国招收此专业方向的学生，成为全国第一个招收纤维艺术本科专业的院校。在课程设置中，纤维艺术教学仍立足于壁毯手工编织，并在此基础上进行材料与工艺的延伸，强调现代人观念和生活之间的联系。基维来之前，纤维艺术这一名词对于天津美术学院染织专业的师生来说并不陌生，但对于"戈贝兰"壁毯的深入理解，还得益于基维授课。他带来了全面翔实的编织技法，让天津美术学院的师生看到了这门艺术的发展前景。2006年院系进行专业设置改革，纤维艺术成为染织专业的两大方向之一，越来越多的学生选择这个方向，他们除了接受绘画造型基本功的训练之外，在工作室还要进行长达三年的纤维艺术实践创作与探索。带有典型手工艺特征的纤维艺术，既具有市场应用性，又富含艺术的表现力，极大丰富了染织艺术的领域，让学生更加关注设计、工艺和艺术之间的关联。

在工作室中，教师与工匠等同，基维通过在中国院校讲学，培养了一批能设计、会教学、懂工艺的青年教师。他们传承基维的教学理念，从理论、实践两方面入手，在讲授理论的同时亲自示范，成为各个院校中纤维艺术教育的领头人。原山东丝绸工业学校教师任光辉是较早向基维学习戈贝兰壁毯编织的艺术家，他广泛地传播这门艺术，将基维的教育思想和教育模式带到山东各地。不仅在山东轻工职业学院建立工作室，还将戈贝兰技艺带到济南，在山东青年政治学院创办了集研究与实践为一体的纤维艺术与空间装饰研究所。

除了专业艺术院校之外，基维的壁毯教学也走进了综合院校，黑龙江大学艺术学院就是一个典型的例子。自2002年基维授课后，壁毯编织课便延续下来，并建立了纤维艺术工作室，主要由曾接受基维教学培训的青年教师张雷授课，以编织为基础的纤维艺术课程不仅成为专业必修课，还成为面向全校的选修课。课程开设不仅拓展了学生对软材料的认知和动手能力，并且丰富了公共艺术创作的媒介和表现语言，实现了专业跨界。

随着基维倡导的"从洛桑到北京"国际纤维艺术双年展的不断发展壮大，有力地带动了国内各大院校对纤维艺术教育的建设。深圳职业技术学院艺术设计学院随着纤维艺术展览活动的引入，形成纤维艺术创作的教师群体，他们伴随着"从洛桑到北京"国际纤维艺术双年展的发展而不断成熟，在各类纤维艺术展中崭露头角并屡获佳绩。吉林艺术设计学院对纤维艺术课程的引入，也源于"从洛桑到北京"双年展的举办，课程教学中强调基维倡导的传统手工技艺和创作思维并重的观念。

基维曾说："艺术家亲自参与编织更有意义，创作中编织者也是画家，只有亲手编织才能更好地表现内心世界的感受，享受漫长艰苦的制作过程以及创作带来的幸福。"基维来到中国后，戈贝兰壁毯编织作为真正的艺术开始传播，打破了中国艺术领域将工艺美术等同于工匠技艺的认识。正如萨罗美博士在"中国纤维艺术格鲁吉亚巡展"研讨会中所提到的："当代艺术注重组合性的表现方法，运用多种材料和技术表现每一件作品。以至于今日，匠人以手工方式完成的艺术作品地位不断提升，成为高级的艺术。"❶可以说，世界上任何一个工艺美术门类与纯艺术都是平等的关系。

2.坚守本土文化，拓展国际视野

基维各个时代的壁毯作品，犹如一部格鲁吉亚近代史图卷，展现出从苏维埃社会主义共和国到格鲁吉亚民族独立的现实面貌。苏联时期，他通过对格鲁吉亚地域文化和生活习俗的描绘，歌颂并诠释劳动、团结、友爱、和平的社会主义意识形态和价值观。格鲁吉亚独立后，面对社会动荡和经济的萧条，他以描绘带有象征和隐喻性的自然人文，将现实赋予更多的情感色彩，从而揭示他对现实的思考和复杂的内心世界。晚年的基维，更加依恋格鲁吉亚的故土，寓情于景、借景抒情成为他惯用的表现方式。他成功创作了像诗一般浪漫抒情、像乐曲一般跌宕起伏的壁毯作品。可见，基维的壁毯艺术创作无论题材、内容还是表现方式乃至审美取向，都从未离开自己的祖国和人民，一股强烈的爱国热情激荡在他经纬构筑的世界中，体现出强烈的人文情怀。

无论置身何处，基维都对本民族文化尤为热爱。文化是一个民族最本质的特征，基维不仅崇尚自己国家的文化，并且尊重其他国家的文化习俗。他认为中国接受欧洲戈贝兰壁毯的基本条件，在于其历史长河中涌动着源远流长的编织工艺。新疆出土的汉代平织毯，其缂丝技术在本质上与戈贝兰编织极为相似，两种工艺技法一脉相承。可见，如将壁毯上升到文化层面，其技艺对于中国学生来说并非难于理解。

基维在壁毯讲学中提到最多的便是文化，他要求中国学生的壁毯创作，从画稿设计到编织都要不同程度地与之产生关联。基维以自己的言传身教，感染着中国学生，提升了他们的民族意识和对本土文化的热爱。在基维耐心

---

❶ "致敬格鲁吉亚杰出的艺术家基维·堪达雷里诞辰85周年"中学术研讨会的现场记录。

的指导下，中国学生对本民族的文化研究产生了浓厚的兴趣，并且学会如何将其以编织方式进行传承。从1990年基维指导的第一届学生作品来看，无论是中国的自然地域景观、古老的建筑，还是民间传说、风土人情都取材于现实，体现了以民族文化为初衷的创作原则（图4.8）。

在中国现当代艺术迅速发展的今日，强调民族文化无疑具有重要价值和深远意义。正如古典戈贝兰历史告诉我们，精美华丽的壁毯最初诞生于法国皇家家具制造厂，在其漫长的发展演变中始终致力于为国家服务，尤其在重要仪式和外交会议期间，壁毯代表国家形象或作为提供给其他国家的官方

《土堡遗风》林乐成

《云月》余云斌

《飞天》张宝华

《帆》盛景涛

图4.8　1990年基维指导中央工艺美术学院师生创作的壁毯

礼品而频频出现。因此，古典戈贝兰壁毯在某种程度上代表了法国文化。在中国也是如此，早在20世纪70年代，中国恢复联合国席位时，由天津地毯二厂编织充满民族文化特色的壁毯《长城》（图4.9）作为重要国礼赠送给联合国。蜿蜒迤逦的长城盘旋于郁郁葱葱的植被中，向世人呈现出一派欣欣向荣、壮观宏伟的自然画卷，展现出中华民族的智慧和才能。这幅宽10m、高5m的艺术壁毯博得世界各国友人的赞誉。

中国改革开放之后，面对西方纷繁复杂的艺术形式，曾一度让艺术家失去对艺术本质的判断，全盘吸收，以至于好的坏的一并涌入的状况时有发生，对中国艺术发展产生误导。有的艺术创作者无比崇尚国际艺术大师，却殊不知在中国几千年的历史进程中并不缺乏此类"英雄人物"。只是因为对自己的文化不够珍视，理解和研究程度不够，以致让其无法产生国际影响。而基维以壁毯中对民族传统文化的深入解析和完美表现，引导中国艺术家从本民族文化入手进行深入研究，而他认为的本土文化并非是固守与狭隘的民族主义，而是在"全球化"进程中，在强调"本土"特点的基础上，又相互尊重、相互补充、相互丰富、相互发展，既突出对比与差异，又强调融合与互动的文化价值观。

袁运甫先生时常提到："设计师和艺术家要重视本国艺术与其他艺术的相互作用，吸取民族文化与其他文化的精华、并在对比中产生不同经验。"

图4.9 壁毯《长城》，天津地毯二厂，1974年

而基维的壁毯恰好印证了此观点。他的创作除了受格鲁吉亚传统文化的影响之外，还得到捷克壁毯大师基巴尔的引导。他善于把握世界壁毯艺术的发展趋势，注重国际的艺术交流，除了在第比利斯和莫斯科举办个人展览外，还在欧、美、亚等其他地区不间断地举办个展和联展。通过参与各类展览及学术交流，与世界艺术家建立良好的沟通与往来，借此传播格鲁吉亚独特的文化艺术，从而将自己的创作以及对壁毯艺术的理解，融入国际的发展趋势中。

中国艺术家从基维身上看到了拓展国际交流的重要性。中央工艺美术学院早在20世纪80年代就积极开展国际交流与协作。90年代基维授课之后，国际交流更加进入活跃期。世界著名的艺术大师、设计师陆续被"请进来"，国际展览的举办又让中国工艺美术及艺术设计不断"走出去"。90年代中央工艺美术学院的染织专业联合其他装饰艺术，以"立足现代、连接传统"为主题，每年定期在国外举办师生作品展，展出中不乏许多优秀的壁毯艺术作品。这些作品获得国际的认可，并且被国外收藏或私人订购。随着2000年"从洛桑到北京"国际纤维艺术双年展的持续举办和中国纤维艺术世界巡展的传播、交流和推广，让中国艺术家创作的作品开始在世界范围内获得展示机会，并且产生深远的影响，展出的优秀作品不断推向国际，在世界艺术舞台上绽放出夺目光彩。

二、从传统壁毯到当代纤维艺术的转变

基维持续不断地在中国很多艺术院校讲学授课，他的壁毯艺术作品也获得高度赞赏和广泛认可。早在20世纪90年代，基维的作品《第比利斯黎明》就已被北京艺苑收藏。2001年，在庆祝清华大学建校90周年时，由清华大学主办的"艺术与科学国际作品展"在中国美术馆举行。作为国家级的重大展事，此展体现了中央工艺美术学院自并入清华大学以来，在艺术和科学之间跨领域、跨专业、跨学科的创作成果。展览中，基维与其他国际知名艺术家、建筑师、科学家一同被邀请作为国际顾问、评委。他亲手编织的壁毯《卡赫季秋天》和《音乐会之后》亮相于众（图4.10），再次证明了具有视觉美和触觉美的壁毯艺术同其他艺术创作形式一样被中国艺术界充分肯定。

作为中国壁毯艺术的启蒙者和教育者，基维用让人耳目一新的欧洲戈贝兰壁毯拓展了中国艺术家的视野，引领他们走上了纤维艺术的创作之路。虽

图 4.10　基维在首届艺术与科学国际作品展上

然有些创作者原本从事不同的艺术领域，但当他们领悟到软材料的表现力时便投身其中，致力于材料艺术的探索实践。这些艺术家们除了编织壁毯之外，还借纤维材料表达不同的情感与观念，令作为艺术媒介的纤维不断走入各个艺术领域的表现中，从而有了建立在壁毯艺术之上的立体纺织、软雕塑、纤维装置等艺术形态，一场以软材料为媒材的艺术——纤维艺术，在中国艺术界活跃并如火如荼地发展起来。

　　纤维艺术既具有自然、淳朴的手工韵味，又充满新奇和独特的艺术表现。因此在中国不仅得到艺术家追捧，并且被国家认可甚至纳入国家级主流艺术之中。1999年，浮雕式壁毯《春夏秋冬》（图4.11）率先在第九届全国美术作品展中成功亮相并获得银奖，成为50年来首个获奖的纤维艺术作品。随着壁毯艺术不断获得认可，越来越多表现多样、形式各异的佳作陆续出现在第十届到第十三届全国美术作品展中并获得好评。

　　首届中国国际美术双年展是国家主办的又一个大型国际性展览，虽然展出作品大多限定于绘画和雕塑，但创新仍然是国内外艺术家矢志不渝的追求。曾在首届"从洛桑到北京"国际纤维艺术双年展中展出的纤维系列装置《水墨光阴》再次入选首届中国国际美术双年展，成为雕塑装置中的一类。此作以黑白毛线缠绕树枝的方式，表达对大自然美的歌颂，淋漓尽致地展现了中国传统水墨意蕴，凸显人与自然和谐共生的愿望。而另一件大型软雕塑作品《中华根》（图4.12），通过对中国民间结绳技艺的重新解读和再次演

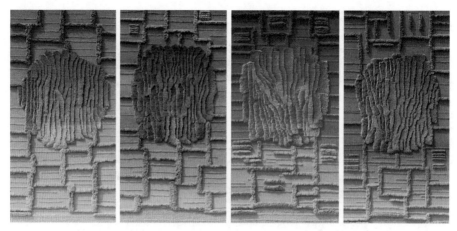

图 4.11 《春夏秋冬》96cm×210cm×4，林乐成，1999 年

图 4.12 《中华根》2000cm×400cm，郭振宇主创，
山东特殊教育中专讲师集体编织，1999 年

绎，赋予其特定理念，进而表现兼具宏大气魄与民族气概的树根，以此体现出对中国文化的认同与传承。

时至今日，纤维艺术创作不仅局限于某种工艺或表现形式，而是更多出现了对"纤维"概念的强调和延伸，挖掘材料内涵、工艺特质及象征内涵是当今纤维艺术的发展主流。如构建软材料与女性的象征，或将材料与某种精神观念相结合，淡化软材料"物"的概念，而视其为精神载体。如今，材料、手工被赋予与时代相关的美学内涵。面对当今消费主义社会所倡导批量化生产和快速消费，艺术家时常以手工制造的纤维诠释限量生产和慢速度，以此表达对消费主义的反抗。虽然以纤维为主的当代艺术形式在中国层出不穷，但就目前中国纤维艺术的发展来看，还有待进一步完善。美国艺术史论学博士布瑞塔·埃里克丝（Britta Erickson）在观看2009年中国当代纤维艺术世界巡展时，曾在发表相关文章中提到："纤维艺术在当今中国处于快速发展的阶段，虽然艺术家对纤维艺术实践充满了前所未有的热情，但对技艺原理的理解还有待深入，并不是每个人都理解材料的本质以及所选择材料的意义。"由此可以看出，她在肯定中国纤维艺术发展的同时，也客观指出这门艺术在中国快速发展中的不足。

带着困惑而重新审视基维的壁毯教育，他首先从基本的壁毯技艺切入，然后拓展材料和技法，以此实现多种形式软材料艺术的表现创作。这种循序渐进的知识传导，不仅遵循纺织艺术的发展规律，更能让学生以此领悟纤维艺术的本质特征及价值内涵。以至于在面对纷繁的软雕塑、纤维装置或以纤维为主的艺术时，不至于被表面形式所迷惑，而是立足于本质。可见，"基维模式"教育对中国纤维艺术发展始终发挥着正确的指导作用。

三、纤维艺术实践应用与理论研究的开展

基维的教学促进了以壁毯为主的纤维艺术教育体制的完善，并且培养了一批专门从事纤维艺术创作及研究的艺术家。在他们的引领下，中国纤维艺术不断从实践和理论两个方面发展和推进。

1. 纤维艺术的实践应用

从墙面装饰角度来看，壁毯要与建筑相适应，其功能性优于壁画等其他空间艺术。建筑师柯布西耶和壁毯艺术家吕尔萨率先提出壁毯与空间关系的述论，为壁毯应用提供了坚实的理论基础。基维自20世纪60年代开始不断被苏联文化部委托进行壁毯艺术创作，其作品在苏联时代广泛应用于各类空间，比如三联式壁毯《我们每天的面包》展陈于苏联文化部，壁毯代表作《彼罗斯曼尼之梦》最初用于第比利斯政府咖啡馆，20世纪90年代后赠送给彼罗斯曼尼博物馆，《列宁像》展陈于萨加雷卓党中央礼堂等。除此之外，还有更多的小型壁毯被陈设于各类空间，如作品《森林》陈设于格鲁吉亚西部的温泉度假村疗养院，《格鲁吉亚面包》陈设于第比利斯面包工坊，《阿拉维尔多巴》陈设于第比利斯某茶室，《天鹅》陈设于美国某公司……基维的壁毯空间应用，让中国艺术家在学习戈贝兰技艺的同时，进一步加深对壁毯艺术及其装饰的理解。在基维的指导下，他们不断将壁毯艺术服务于生活，

将其审美发扬光大。悬挂于墙面或陈设在空间中的壁毯，广泛地被社会及公众所接受，成为优美环境的缔造者。

基维讲学后，中国掀起了壁毯实践创作与应用的热潮。清华大学美术学院的林乐成教授始终致力于壁毯艺术的空间陈设及应用研究，在近30年的探索中，他将戈贝兰编织技法与地毯中的栽绒技艺进行完美结合，创造出别具一格的浮雕式壁毯艺术。这种形式的壁毯不仅具有艺术性，还陆续走进政府、企业、学校等办公空间，博物馆、纪念馆、美术馆等展会空间，酒店、会所等休闲空间以及私人居住空间（图4.13）。百余项成功的应用案例无疑证明：温和且柔软的壁毯如今已被视为高贵、奢侈的艺术陈设，它具有硬质材料不具备的优势，在当代空间中发挥着人文主义关怀和独特的艺术审美，更加贴近人们的心灵。任光辉在向基维学习戈贝兰编织技艺之后，与林乐成合作编织了系列壁毯《远古回声》《战国烽烟》《耕耘收获》《车马行旅》（图4.14），刊登于1998年《装饰》杂志中，此系列作品基于中国传统文化，同时传承了欧洲古典的戈贝兰编织技艺，是集传统性与现代感为一体的装饰艺术，先后陈设于中国银行中苑宾馆和香港行政公署大厅。

曾接受基维壁毯艺术教育的黑龙江大学艺术学院教师胡金犁、张雷、侯刚三人合作的大型浮雕式壁毯《金色年华》作为第二届"从洛桑到北京"国

图4.13　《山高水长》林乐成，清华大学美术学院大厅，2005年

图 4.14 《战国烽烟》《耕耘收获》《车马行旅》林乐成主创，1998 年

际纤维艺术双年展的优秀作品和首届全国壁画大展的获奖作品，先陈设于北京国华大厦贵宾厅，后被著名表演艺术家朱时茂私人委托再次编织，陈设于他的私人别墅中。基维的学生、第比利斯国立美术学院留学生徐婉茹和苏州工艺美术学院教师代敏华共同合作的壁毯《虚》作为第四届"从洛桑到北京"国际纤维艺术双年展的金奖作品，曾受到国内外艺术家的一致好评，此作陈设于苏州工艺美术学院办公楼内。基维的朋友、清华大学美术学院工艺美术系教授张怡庄、蓝素明合作的大型浮雕壁毯《连年有余》展陈于深圳海上田园国际度假村中。

基维在中国不仅培养了专门的纤维艺术家，还引发了许多绘画专业师生对纤维艺术产生兴趣，使他们不断走进纤维艺术的创作领域。他们不仅学习壁毯编织，热衷于纤维材料的实践创作，其作品常应用于空间陈设。因此，在中国除了纤维艺术家之外，还涌现出艺术家、科学家的跨界。中国一级画师、艺术家邓林，对壁毯艺术尤为喜爱，她不仅收藏了基维的壁毯《秋林》，还将个人画作《远古的回声》（图4.15）《黄土之韵》《图腾》先后转化成丝毯。她全力支持"从洛桑到北京"国际纤维艺术双年展的举办，作为展览的总策展人、顾问和评委，她曾提出"纤维艺术无界"的观点，以此促使这门艺术的普及和推广。中国当代著名画家吴冠中不仅在艺术界赫赫有名，并且跨界壁毯。当他的绘画作品《天问》被成功转换成丝毯后，使他看到了纤维的独特魅力，并由衷地感叹已超过绘画原作的壁毯艺术。吴冠中先生的另一件作品《墙上秋色》以表现自然和咏赞生命为主题，该作品曾受邀参加首届"从洛桑到北京"国际纤维艺术双年展，现陈设于清华大学生命科学院内（图4.16）。

中国科学院外籍院士、清华大学名誉教授李政道将在北极进行科学考察时拍摄的北极光现象，经艺术处理转换成壁毯（图4.17），该作品诠释了他所倡导的"艺术与科学"相结合的理念，陈设于清华大学美术学院贵宾厅内，以表达学院对此理念的秉承。著名画家潘公凯教授将抽象的水墨风景与纤维艺术相结合，他创作的《水墨残荷》陈设于中央美术学院贵宾厅中（图4.18）。张弛有度的线条、浓淡相宜的墨色，跃然于柔软的毯面之上，形成别具一格的效果，别出心裁的创意，彰显了中国古典艺术的文化精髓。

图4.15 《远古的回声》邓林

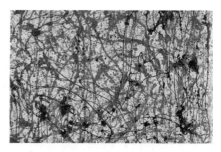

图4.16 《墙上秋色》壁毯局部，吴冠中

图4.17 《北极之光》李政道主创，清华大学美术学院贵宾厅

图4.18 《水墨残荷》潘公凯，中央美术学院贵宾厅

可见，古往今来的壁毯不仅是城堡、教堂中高贵典雅的装饰，还是当代空间中必不可少的陈设装饰，在中国得到了广泛地认可与应用。

2.纤维艺术的理论建设

基维在指导中国学生实践创作的同时，还引发他们对纤维艺术的深入探索，以此进行理论性建构。如果说中国美术学院的纤维艺术教育是中国纤维艺术高校理论建设的先行者，那么清华大学美术学院的纤维艺术教育则成为纤维艺术理论的开拓者。清华大学美术学院自2000年开始招收纤维艺术方向研究生，这些学生从壁毯艺术的历史、文化、发展趋势等主要方面入手进行理论研究，有些是对传统壁毯艺术进行梳理总结，有些则是对当代纤维艺术进行开拓性研究。

基维带来的现代壁毯艺术的发展以及个人对这门艺术的理解，成为大多数中国学者研究纤维艺术的借鉴和参考。基维授课后，中国学界展开对纤维艺术理论方面的研究，出现了纤维艺术方面的研究学者，他们通过出版相关文献，发表自己的学术观点。著名艺术理论家、批评家杭间在《继续——从洛桑到北京途中》一文中指出："林乐成作为推动中国早期纤维艺术发展进程的重要人物之一，通过引进格鲁吉亚著名壁毯艺术家基维·堪达雷里教授的戈贝兰编织法，给纤维艺术注入了新的活力。不仅如此，他还着力思考现代纤维艺术语言的理论问题，发表了重要的专著。"1996年，林乐成所著的《纤维艺术》一书出版问世，成为国内为数极少的纤维艺术专著。书中不仅有作者亲自手绘设计的大量图稿和作品介绍，还有对纤维艺术发展的分析，研究范围从国内拓展到国际。2006年，林乐成将多年学术成果精心整理，再次出版了中国高校通用的设计教材《纤维艺术》。此书不仅荣获清华大学优秀教材一等奖，还为其他高校纤维艺术专业学科建设和教育实践提供一定参考。

中国纤维艺术理论研究的深入与两年一届的"从洛桑到北京"国际纤维艺术双年展暨学术研讨会的持续举办密不可分，研讨会带来了国际纤维艺术发展的新动向，成为推动中国纤维艺术理论研究的关键。基维最初倡导此展览，正是期望以研讨会的形式，让艺术家的作品得到淋漓尽致的展现，从而搭建各国艺术家交流、切磋、共进的平台，以至于此后连续十届的纤维艺术展览都包括作品展示和研讨会两个部分。研讨会在探讨纤维艺术学术定位、传承创新以及未来发展趋势等方面，起到了重要的导向作用，以此奠定中国纤维艺术理论研究的基础。

最初中国艺术界对纤维艺术的概念界定曾一度模糊。因此，在第三届"从洛桑到北京"国际纤维艺术双年展举办前夕，由中国工艺美术学会纤维艺术专业委员会与黑龙江大学艺术学院共同举办"中国纤维艺术教育与手工文化建设理论研讨会"，就"当代艺术""工艺美术""环境陈设"几个不同名词定位时，中国文艺理论家、学者和艺术家纷纷发表了各自的看法。以吕品田为代表的艺术理论家提出，当这门艺术面向工艺时，范围更广、意义更大，这种界定成为评价纤维艺术的重要标准。第六届"从洛桑到北京"国际纤维艺术双年展学术研讨会是中国科学技术学会批准立项和资助的项目。来自各个国家的艺术家围绕"科技进步与纤维艺术发展"的主题，展开广泛而深入的研讨，从不同角度阐述了当代世界纤维艺术发展的新面貌和新动向，开拓了中国艺术家的视野，推动中国纤维艺术理论向多维度，多方向发展。第九届"从洛桑到北京"国际纤维艺术双年展研讨会，是历届展览研讨会中规模最大、持续时间最长的学术探讨会，它一改艺术家单独发言模式，采用主旨演讲、主题研讨和现场互动的形式，让更多人参与其中。来自欧洲、亚洲、非洲、北美洲、南美洲、大洋洲等的20名国际知名纤维艺术家、艺术评论家、教授组成研讨小组，就"纤维艺术本质特征与评判标准""纤维艺术批评""纤维艺术教育"三个方面展开，探寻当代纤维艺术的发展趋向。会后由徐雯、凌鹤主编，中国建筑工业出版社出版的近300页的《经天纬地》，成为当今中国纤维艺术研究领域具有学术理论价值的论文集。

自基维在中国开启对壁毯艺术历史文脉的解析，打开了中国纤维艺术的理论研究视野，激发了中国纤维艺术家的探索并深化了对纤维艺术的理论建构，两年一届的"从洛桑到北京"国际纤维艺术研讨会成为中国纤维艺术理论研究的助推器，为专家学者提供了纤维艺术理论研讨和国际学术交流的良好平台，持续不断将中国纤维艺术的理论研究推向新的高度。

第三节　基维对中国纤维艺术展览的推动

基维不仅以教育的方式在中国广泛传播壁毯艺术，从实践和理论两方面推动中国纤维艺术的发展，并且倡导了规模大、影响深远的"从洛桑到北京"国际纤维艺术双年展。此展自2000年举办至今，已成为国内外颇有影响力的学术品牌，它让中国纤维艺术的发展迅速与世界接轨，并获得了举世瞩目的成就。

一、"从洛桑到北京"国际纤维艺术双年展的倡导

基维的老师基巴尔曾是洛桑国际壁毯艺术展的资深参展艺术家，他连续第一届到第七届均参加此展览，将展览理念与发展动向毫无保留地传授给基维，打开了他的国际视野，启发了他对国际壁毯艺术发展动向的把握。基维学习且秉承了洛桑策展人吕尔萨的壁毯艺术理念，在探寻自我艺术创作之路的同时，树立了国际交流的宏大志向。1979年，基维随苏联美协成员到瑞士洛桑对第九届洛桑展进行参观考察，对展览的策划、模式、性质等情况有了详细的了解。第九届后由于策展方改变了邀请制的初选模式，采用匿名的评审方式让许多从未参与的年轻艺术家获得参展机会。在这样的条件下，基维作为苏联艺术家代表，带着他的壁毯巨作《彼罗斯曼尼之梦》参加了第十届洛桑展。这位来自高加索的艺术家将欧洲古典戈贝兰编织进行完美的现代演绎，凭借该作品在纺织及纤维艺术界获得极大的反响与轰动。

早在1993年，基维就提出在中国创办国际壁毯艺术展览的想法。他认为，任何国际展览既需要物质条件和策展团队的支持，也要有得天独厚的文化土壤。中国自古就是纺织大国，其历史长河中流淌着上千年的编织艺术文脉。早在商周时期，人们就会养蚕、缫丝、织做衣物。源远流长的华夏文明一代代沿袭着男耕女织的生活方式，独特的丝绸文化艺术让世界各国叹为观止。基维由此认定，"洛桑展"虽然发起并兴盛于欧洲，但完全可以落地于中国。这是一个全新的尝试，也将为世界纤维艺术的发展带来新的契机。

1996年，"洛桑展"在历经十六届32年后宣布停办。这个曾代表20世纪下半叶的世界壁毯、软雕塑及纤维艺术迅速崛起的重要国际展览一时间陨落，不仅让世界纤维艺术家失去了施展才华的空间，更阻碍了这门艺术的发展。基维得知此事后，悲痛地惋惜道："洛桑展览的终止是人类的悲剧。"展览的停办让国际纤维艺术界由热烈转变为沉寂，各国的艺术家都在思考、探索未来纤维艺术的发展该何去何从。

面对国际纤维艺术发展停滞的困境，2000年初，清华大学美术学院成立了纤维艺术工作室。该工作室在成立之初，就接到了关于举办"中美纤维艺术家联展"的研讨方案，工作室将此进行拓展，与基维曾经倡导举办的国际性展

览主张相联系，一场令人瞩目的国际展览开始被筹划起来。在基维的大力支持下，承载众人期盼与美好祝愿的"从洛桑到北京"2000年国际纤维艺术展终于在十月的北京拉开序幕。参展者中除了来自中国、美国的艺术家之外，还有来自日本、韩国、加拿大、澳大利亚、奥地利、瑞典、挪威、芬兰、波兰、俄罗斯、拉脱维亚、格鲁吉亚、立陶宛13个国家的90余位参展者，他们大多有洛桑展的参展经历，并获得了世界纤维艺术界的认可，他们均应基维之邀来华，展览的国际级别定位与此密不可分。而清华大学美术学院也因此成为中国首个举办大型国际纤维艺术展的学院。展览开幕之际，基维代表中外参展艺术家发表热情洋溢的讲话，并将他的三幅壁毯作品《音乐会之后》《窗》《亚当夏娃》带来展出。同时，为确保展览的国际信誉，让展览持续举办，在基维的带领下，由中国艺术家执笔起草，联合中外艺术家20余人共同签署了《北京宣言》作为艺术家的共同承诺（图4.19）。宣言中提到："艺术家甘当架桥者和梦想的铸造者，共同推动纤维艺术的发展，构筑纤维艺术美好的明天，完成从洛桑到北京薪火传递的使命。"在此次签署《北京宣言》的9个国外艺术家中，有6个均为基维的朋友、同事，他们曾在洛桑相识，如今又在北京相遇，他们有着共同的信念和对美好艺术的追求，希望在中国共续友谊。

在展览中，基维深情地抚摸着"从洛桑到北京"国际纤维艺术双年展的作品，不禁发表感慨："中国是我非常喜欢的国家，我对中国壁毯艺术的发展也做过一些贡献。当看到我的中国学生成功展出他们的作品时，也好似看到了我的劳动成果。这些作品跟我的孩子一样，我对它们充满感情。"[1]可见，在首届纤维艺术展中，很多中国参展艺术家都是基维教过或辅导过的学生、教师。他们通过向基维学习戈贝兰编织而走上壁毯艺术的创作之路，为中国纤维艺术注入活力。在首届"从洛桑到北京"国际纤维艺术双年展上，他们的作品博得国际艺术家的一致认可，基维功不可没。

如今，"从洛桑到北京"国际纤维艺术双年展已举办了十一届，走过了20年的历程，从最初的15个国家90余位参展艺术家，拓展到现在50多个国家1000余位参展者。两年举办一次，从未间断传播交流，其规模之大、影响之广，不仅在中国艺术界有较大的影响力，并且成为国际"纤维人"放飞梦想的舞台。从倡导、策划到推动，基维无疑是该展览重要的奠基者（图4.20、图4.21）。

---

[1] 那达丽翻译的基维·堪达雷里在2000年"从洛桑到北京"首届国际纤维艺术双年展上的发言。

图 4.19　基维与《北京宣言》签名艺术家畅谈，
2002 年

图 4.20　基维与第二届"从洛桑到北京"国际
纤维艺术双年展协办单位代表讨论，2002 年

图 4.21　基维在首届"从洛桑到北京"国际纤维艺术双年展开幕式上
代表参展艺术家致辞，2000 年

二、"洛桑精神"的延续

基维曾说："一个人在历史上能起到至关重要的作用，这不仅体现在政治、经济方面，在艺术中也是如此。"[1]就国际壁毯艺术的发展来看，洛桑展的开启与法国著名艺术家吕尔萨的贡献密不可分。1961 年，吕尔萨怀揣着复兴法国传统壁毯的心愿，来到了瑞士洛桑，与时任洛桑装饰艺术博物馆馆长

---

[1]　刘光文翻译的基维·堪达雷里在"从洛桑到北京"第二届国际纤维艺术双年展上接受采访时的发言。

的皮埃尔·保利（Pierre Pauli）共同建立了国际传统与现代壁毯艺术中心，该中心组织策划两年一届的展览，在持续举办的30多年中获得广泛的国际影响，瑞士洛桑由此成为世界壁毯艺术的中心。同洛桑展一样，在中国，积极的艺术家和组织者能激起一代人的创作，就像"从洛桑到北京"国际纤维艺术双年展的组织者，不仅传承了戈贝兰壁毯艺术，而且积极推动搭建了纤维艺术的国际交流平台，让"洛桑精神"得以延续。这是基维对"从洛桑到北京"国际纤维艺术双年展的评价与期望，也表达了对展览策划组织者的充分肯定，中国策展团队完成了从洛桑到北京薪火相传的使命。

英国著名艺术理论家、策展人詹尼斯·杰弗里斯（Janis Jefferies）在评价"从洛桑到北京"国际纤维艺术双年展时说："该展览充分表达对洛桑历史与文化的尊重，但并非从属于洛桑展，而是将吕尔萨倡导的现代壁毯文化精神进一步发扬传承。"艺术理论家吕品田先生也认为："从洛桑到北京，不是'洛桑'的结束，而是'洛桑'创造性的继续。作为国际性的纤维艺术展览，由创始人和历届主办方所确立的美好期望，都将在'北京'发扬光大。"可见在中国落地的"从洛桑到北京"国际纤维艺术双年展，受到了世界的瞩目与认可，它在"洛桑精神"的引领下，不断发展壮大，成为承载世界纤维艺术家梦想的"舞台"。

1. 以文化传承为宗旨

洛桑展创办的缘由是艺术家为复兴传统壁毯，意在展现壁毯艺术在当今的价值与意义。因此，第一届洛桑展确定了壁毯的壁画特征，它存在于建筑空间中并具有纪念性的特征。展出作品无论出自于艺术家还是建筑师，都是不小于12m²的壁毯形式。随着材料拓展、技法延伸，科技手段的介入，使传统的壁毯形式发生了巨大变化，越来越多的作品不断带给人强烈的视觉冲击力和新奇感。如何定位壁毯艺术，成为艺术界和公众关注的焦点，面对纷繁多样的形式，传统壁毯艺术家迷失了方向，而当代艺术家认为纤维仅能作为当代艺术的表现媒介，纤维艺术不能完全纳入当代艺术的主要门类。很明显，在公众审美与价值评判中，混淆概念和模糊定位已经让纤维艺术的自身发展无法把控。

这样的争议也出现在"从洛桑到北京"国际纤维艺术双年展中，随着展览规模的扩大、科学技术的发展和艺术观念的更新，作品中多样的形式语言层出不穷。每届展览中，除了壁毯形式外，还不断出现新颖独特的创新。展览中既有平面编织，也有多样材料、多种技法组构的多维度造型装置，甚至连科技媒体和信息技术也介入其中。不断更新的手段无疑会让作品形式更加丰富，但也会让纤维艺术的审美评判难以界定。在第七届"从洛桑到北京"国际纤维艺术双年展的初评会上，专家就参展作品是否为纤维艺术曾发起一场激烈的辩论。五位在中国颇有影响力的艺术家、理论家就这一问题发表不同言论，在观念、材料与工艺方面进行综合评述。此次研讨会不仅是中国纤维艺术发展进程中的一个重要思考，也是对未来纤维艺术发展趋向的展望。不得不说，中国展览在策划之初，并非单纯局限于壁毯，而是定位于纤维艺术。这代表了它不会墨守于一种模式，而是以包容、开放的姿态迎接这一艺术。同时可以看到，历届"从洛桑到北京"国际纤维艺术双年展的参展作品无论国内还是国外，虽然不乏形态各异的创新，但以手工技艺创作的壁毯仍然成为核心，这让人们明显感受到纤维艺术无论如何变换，也不会脱离其固有的民族性、文化性和地域性，而这恰恰与基维的初衷相一致。于是，关于纤维艺术由于创新，致使脱离传统的争论便自然有了结果，同时也意味着"从洛桑到北京"国际纤维艺术双年展具有蓬勃的生命力与长久的发展潜质。

2.纤维艺术组织机构成为展览的重要依托

"从洛桑到北京"国际纤维艺术双年展的组织，离不开对"洛桑展"策划和经验的吸取。基维作为"洛桑展"的参展者，曾对展览进行过详细的考察和调研，并将参展经验无私传授给中国艺术家，让中国组织者认识到展览中策展机构的重要，这是展览能够持续发展的关键。

"洛桑展"的开始，起因于洛桑传统与现代壁毯艺术中心的建立，它既能开展作品展示，也可以进行研讨开会、存储文献资料。在该组织的行动方案中，创办者提出将两年一届的展览设定为艺术中心最主要的活动，同时创建草图绘画和编织车间等课程，并建立壁毯艺术图书馆和保存壁毯图稿的储藏室。组织者试图将"洛桑展"定位成与"威尼斯"双年展、"圣保罗"双年展以及"卡塞尔"文献展等重大艺术活动相对应的展览，打破了此前瑞士没有任何一座城市与国际艺术活动有联系的历史，"洛桑展"开启了世界壁毯艺术发展的新篇章。吕尔萨担任主席期间组织了指导委员会，对展览做出详细的规划和赞助，并且组织制宪会议，宣传壁毯艺术和举办展览的重要性。

"从洛桑到北京"国际纤维艺术双年展与"洛桑展"相似，除了组织委员会之外，还设有专门的研究机构——清华大学美术学院纤维艺术研究所，并在中国工艺美术协会、中国工艺美术学会、中国国家画院等组织机构中创建纤维艺术专业委员会或研究所。这些机构的设立从理论实践两方面入手：一方面研究传统手工艺及文化，形成学术和理论文献；另一方面立足现实，研究国内外纤维艺术领域的创新成果，持续策划组织"从洛桑到北京"国际纤维艺术双年展与学术研讨会，进一步拓展纤维艺术的国际交流。研究机构的设立，为纤维艺术的可行领域探索做了很多努力，通过与建筑师、室内设计师以及企业家合作，促进纤维艺术跨界及应用性研究，并且鼓舞越来越多的优秀艺术家从事纤维艺术。然而，中国的"从洛桑到北京"国际纤维艺术双年展毕竟不是"洛桑展"的拷贝，因地域、文化及发展不同而有所区别。中国的纤维艺术展是在摸索中前行，在发展中壮大。从第一届仅为清华大学美术学院主办，到后来更多政府单位、艺术院校、企业纷纷加入，将纤维艺术的发展从学院拓展到社会，从教育行业拓展到公众，从而体现这门艺术的开放性、包容性和多样性。如从第三届开始，主办单位多了中国工艺美术学会，第五届获得红星美凯龙公司的支持，第七届由院校、地方政府和中国国家画院共同主办。可见，中国纤维艺术组织机构规格及形式在不断变化，参展艺术家也不仅局限于院校师生，还包括自由艺术家、手工业从业者、工艺美术大师、民间艺人等。多样的主办机构拓展了纤维艺术的外沿，在跨界和大众认同中不断发展。

3.严格的评选机制

在第二届"从洛桑到北京"国际纤维艺术双年展中，基维对中国纤维艺术展览的持续成功举办感到欣喜之余，也提出了建立严格的评选机制，从而保证展览质量的建议，这是传承"洛桑展"的关键。基维说："历届'洛桑展'都是由世界著名纤维艺术家在上千名申请者之中精挑细选，最后只有五六十人入选。想要不断提高展览质量，达到国际水平，就要严格评判作品。"❶

从洛桑展的发展来看，展览最初属于邀请制。责任委员会通过总统列出代表国家，寻找各国使馆、领事馆或相关负责人搜集信息，再与画廊或艺术家本人进行联系。起初大部分参展者仅限于欧洲国家，后来随着报名人数的

---

❶ 刘光文翻译的基维·堪达雷里在第二届"从洛桑到北京"国际纤维艺术双年展上的发言。

增多，展览组织了评审团对作品进行评选，每届申请者不断呈递增的趋势，如1975年第六届"洛桑展"报名者为450人，1977年第七届展览的参展者上升为1054人，到1979年第八届展览已有来自世界各地的6000名申请者，但由于展览空间所限，每届展览只能接受50～80件作品。由此，国际传统与现代壁毯艺术中心开始对初选机制进行严格调整。对参展艺术家进行严格衡量与考究，做到公平、公正。

"从洛桑到北京"国际纤维艺术双年展在评选方面与"洛桑展"有着相似的公平机制。一开始由基维推荐和美国纤维艺术家邀请，发展到由美国、格鲁吉亚、英国、澳大利亚、加拿大、瑞典、韩国、波兰、日本、西班牙等中外艺术家共同组成评审委员会。有时评审团队仅有1～2名中国艺术家代表，充分显示出展览的开放与公平。无论是初选还是复选，都采用匿名评选的方式，且评审方式每届都做调整，充分保证了作品的质量，体现了"从洛桑到北京"国际纤维艺术双年展良好的国际声誉，让中国纤维艺术展得到国际的充分认可。

三、走向世界的中国纤维艺术

伴随"从洛桑到北京"国际纤维艺术双年展的日益兴盛和壮大，优秀的国际纤维艺术作品竞相绽放于中国艺术舞台，同时也让中国艺术家的纤维艺术作品走向世界，在国际艺术领域中异军突起，国内外彼此间的交流合作日益增多，纺织艺术、纤维艺术等各种相关展览层出不穷。而这当中尤属"中国纤维艺术世界巡展"最为凸显，该展成为中国纤维艺术界规模最大的对外交流展事。

1.中国纤维艺术世界巡展

中国纤维艺术世界巡展自2009年起至今，已经成功在美国、白俄罗斯、乌克兰、波兰、哥伦比亚、厄瓜多尔、巴西、坦桑尼亚、墨西哥、澳大利亚、格鲁吉亚、意大利、智利等国家不定期展出。该展览先后获得中国文化部、国家艺术基金和清华大学美术学院的支持，成为"中国文化走出去项目""传播交流推广资助项目"以及清华大学对外艺术文化交流的重要学术活动。每次巡展均依托于"从洛桑到北京"国际纤维艺术双年展的学术成果，证明基维最初倡导的"从洛桑到北京"展览的价值和影响。

2009年，美国圣何塞绗缝与纺织博物馆（San Jose Museum of Quilts &

Textiles）举办"正在改变的景观——中国现代纤维艺术展"（图4.22），为中国纤维艺术世界巡展的持续举办创造了一个良好开端。美国著名艺术活动家、"从洛桑到北京"国际纤维艺术双年展评委、参展者琼·舒尔茨（Joan Schulze）成为该展览的重要推动者和策划者。早在首届"从洛桑到北京"国际纤维艺术双年展成功举办后，她便在美国平面杂志协会会刊（SDA Journal）上发表评论文章"从洛桑到北京"来介绍和发布展览信息，使这个展览获得美国艺术界的瞩目。不仅如此，她还将2000~2004年三届展览的文献资料带到美国圣何塞绗缝与纺织艺术博物馆，为博物馆的发展提供案例，同时让博物馆负责人了解到纤维艺术在中国的快速发展，也看到了格鲁吉亚艺术家基维和中国的纤维艺术策展团队在推动国际纤维艺术发展中所做的贡献及其意义。这是一个落地于中国、由国际艺术家共同参与的独特展事，它的意义不仅局限于艺术领域，更在于对世界文化的交流与促进。在艺术家舒尔茨、馆长德博拉·考西尼（Deborah Corsini）、艺术理论家简·赛贝斯（Jane Przybysz）博士以及"从洛桑到北京"国际纤维艺术双年展策展人的共同商讨下，中国纤维艺术世界巡展成功在美国拉开帷幕。此次展出的45件作品全部遴选自"从洛桑到北京"国际纤维艺术双年展。无论是抽象或具象的传统

图4.22 "正在改变的景观——中国现代纤维艺术展"海报，美国，2009年

壁毯，还是丰富多彩的混合材料创作以及三维软雕塑，都呈现出中国艺术家对周围不断变化世界的认知，对中国文化、历史的思考，以及对世界艺术的接纳与创新，凸显中国当代艺术的崭新面貌。

2018年，中国纤维艺术世界巡展带着国人的期许与祝愿，来到了基维的家乡格鲁吉亚。格鲁吉亚是有着悠久历史文化的文明古国。基维曾经将以壁毯为主的纤维艺术定义为国际通用的语言，因为远古时期就已存在古老的编织文化，随着人类的繁衍生息，纺织历史在世界多国源远流长。中国自古是纺织大国，历史遗留的编织传统到今日也不乏发展创造的热情，况且在人类文明的历史长河中，古老的"丝绸之路"早已将中格文化友谊进行连接和传递。

展览中62件充满中国韵味的纤维艺术作品，无论尺幅大小，均以独特的技法表达对未来不同的想象，呈现中国独一无二的人文历史。这些作品的创作者大多曾为基维的学生和朋友，他们早年接受了基维的戈贝兰壁毯艺术教育，在传承基维的编织技艺、弘扬基维创作精神的基础上，以个性化的艺术语言对这种艺术进行再创造。当这些作品呈现在格鲁吉亚民众面前时，基维对中国纤维艺术发展的影响和贡献也获得升华。正如社会教育学家谢维和教授亲临此展所提到的："此次巡展来到世界戈贝兰之王基维·堪达雷里的祖国格鲁吉亚，具有特殊的意义，基维先生对中国纤维艺术发展产生重要的影响，对中格两国文化交流做出非常重要的贡献。在基维诞辰85周年之际，由他培养的中国艺术家们以展览的形式来纪念他，他的生命通过纤维艺术和中格两国学生得到传承和延续，可谓真正的不朽。"❶

展览之际，格鲁吉亚著名画家、纺织艺术家、建筑师、音乐家、诗人及观众纷至沓来，均表示展览的艺术作品精湛且令人震撼，让人看到基维精神就在其中。中国纤维艺术世界巡展——格鲁吉亚展，无疑再次将中国文化、美学思想进一步发扬光大，并再度搭建起同格鲁吉亚人民交流、传播的友谊之桥（图4.23）。

2.展览的影响及意义

历届中国纤维艺术世界巡展的作品，不仅蕴藏着中国传统文化，并且显示出与世界当代艺术的接轨。艺术家通过学习、思考与研究，呈现出中国纤

---

❶ 谢维和在"致敬格鲁吉亚杰出艺术家基维·堪达雷里诞辰85周年"学术研讨会上的讲话。

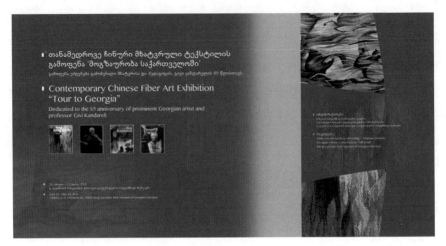

图4.23 中国纤维艺术世界巡展——格鲁吉亚展暨国际理论研讨会展墙，国家文学博物馆，第比利斯，2018 年

维艺术自身发展的轨迹特征。中国纤维艺术世界巡展用纤维艺术证明了中国艺术在国际舞台的举足轻重，也让中国艺术家认识到在国家意识形态下，传承和发扬本土文化的重要。他们在珍视本土文化价值的同时，结合当今艺术进行创新，塑造了独特的中国纤维艺术，并拓展其国际影响。

可见，曾让国人崇尚的国际艺术大师和声震寰宇的世界级艺术品牌，如今在中国也可以见到，中国纤维艺术世界巡展便成为其典型。它立足于传统与当代两方面，通过国际交流与互动，实现了中国文化的传递和当代艺术的传播。许多艺术家、工艺大师甚至院校师生的作品在展出时，不仅获得纺织和艺术界的高度赞赏与评价，而且被博物馆或私人收藏。这让我们不禁想起欧洲古罗马时期，世界对东方国度的青睐和对华贵丝绸的争相购买。

在中国纤维艺术世界巡展不断走向国际之时，也有许多国外艺术家被吸引参与中国纤维艺术展。2008年，第五届"从洛桑到北京"国际纤维艺术双年展仅有来自世界30个国家和地区的艺术家参展，从2010年第六届开始，国外艺术家报名参展呈明显的上升趋势，到2016年第九届，已收到来自世界上52个国家和地区千余位报名者的作品，这让中国的"从洛桑到北京"国际纤维艺术双年展获得了持久的活力，成为中国唯一、世界最大的纤维艺术展览赛事。它绽放于世界舞台，不断引领当今纤维艺术前行。

第五章

"工匠精神"及其价值

第一节 左手画家、右手工匠

1990年，基维担任中央工艺美术学院染织设计系大学四年级毕业班的指导教师，将他从事40年壁毯创作与教学的宝贵经验，毫无保留地传授给中国学生。他要求学生们严格遵照戈贝兰壁毯的编织工艺流程进行创作，一幅幅设计图稿、一个个工艺环节、一件件作品，无不代表学生对欧洲古典编织工艺的理解与实践，其成果都有基维言传身教带来的突破与改变。与其说这是一次既是画家又是工匠的实践性探索，不如说是在中国艺术设计教育中较早体现对工匠精神的传承与解析。基维提出的"左手画家、右手工匠"这一学术主张，突破了以往壁毯设计与工艺制作彼此分割的局限，画家与工匠之间不再划界，改变了传统壁毯移植绘画而并非原创的形式特征。艺术家掌握了熟练的技艺，拥有工匠身份与工艺自信，让壁毯这一古老艺术形式不断提升标准，不断更新形式，不断演绎经典。

一、工匠身份与角色

20世纪80年代末，比利时装饰艺术家、著名壁毯设计师埃德蒙·杜布劳法特（Edmond Dubrunfaut），从洛桑展及相关壁毯艺术信息中获知苏联功勋艺术活动家基维·堪达雷里。他对作为画家的基维能够亲手运用戈贝兰壁毯工艺进行漫长的编织而独立完成作品赞叹不已，并邀请基维到比利时在埃德蒙·杜布劳法特工作室进行长时间的交流。在国际壁毯艺坛中，埃德蒙是与吕尔萨齐名的壁毯艺术家，吕尔萨以复兴法国奥布松民间壁毯著称，埃德蒙则是以传承弗兰德斯戈贝兰宫廷壁毯而闻名。他从基维别具一格的壁毯作品中深深感悟到："第一次看到艺术家如此耐心地编织，用毛线自由地表达，充满自信地创造。基维将绘画技巧与编织工艺融为一体，用双手直接在经纬之中塑造形象，发挥想象，表现自我。与基维相比，我的作品皆由工匠替代完成，无法像他这样独立织作，因此不能对工匠协助织作的壁毯有太多要求。"埃德蒙一语道出了壁毯由于设计与工艺分离，使艺术表现存在局限。以往的壁毯织做大多是工匠复制画稿，工匠按照图样机械操作，并非自觉而主观地表达自我，虽然依照精准规范的程序进行创作，但缺少艺术家的审美与情感张力。埃德蒙从基维的壁毯作品中找到了解决问题的答案，即壁毯作为独立的艺术形式，其创作过程无论是画稿绘制还是编织，都离不开艺术家的创意与观念表达。当众多壁毯艺术家面对编织技艺，感到无奈、尴尬甚至束手无策时，基维在壁毯编织中的开拓进取无疑打开了僵局，他集艺术家与工匠为一身，为传统壁毯注入新的活力，为现代壁毯带来新的模式。

从纺线、染色到挂经、编织，每一个环节对基维来说都至关重要。正如格鲁吉亚摄影家帕里阿施维里（Paliashivili）在1982年为基维拍摄的专题纪录片中所描绘的："除了黑色毛线可以从工厂购买之外，其他颜色均要在家中或工作室染制。"一时间，工作室或是家中的厨房变成了大染坊，基维的角色就成了名副其实的染线师。在弥漫着染色气味的空间中，他进入到工匠角色。

编织过程是体力与脑力的配合、身体与精神的融合。基维常常认为，这虽然是一个耗时吃苦的过程，但是劳作中伴随着思考、灵感与快乐。创作中艺术家面对技艺挑战，需要极大的耐心和毅力，而基维却认为这是最有意思的过程，能产生艺术的创造价值。他愿意敞开心扉、打开思路，最大限度地挖掘编织技艺中蕴藏的潜质。在创作过程中他更加侧重灵活自由的表现，强调双手的不可替代性。让手工传送人性情感与生命体验，手的温度与柔软的线浑然一体，这种人性化的创作方式，让天然材料有了人文内涵与伦理深度。除了依据画稿之外，他还根据线的特质塑造不同的肌理和质感。让编织摆脱机器创造的均匀，出现了丰富多变的层次。这些肌理与画面构成和谐的整体，增添了生动的效果和别具一格的韵味。

基维的编织实践证明，手工是身心交织的综合力量，它不仅由生理要素决定，而且关系着兴趣、素养、性情、知识、经验等人格的各个方面。以生命为本体的手工，鲜明地呈现出人与自然的生态运动，赋予现实以人文的时间性和空间性。与机器大工业相比，手工艺蕴藏的人性和情感会与材料发生不同程度的碰撞与融合，它是感性的，能直接传递情感，这种有温度的传递增强了壁毯的精神与情怀，基维的壁毯艺术正是这种情感的表现与精神的彰显。

捷克壁毯艺术家基巴尔认为："复兴戈贝兰，不仅需要艺术的审美与表现，更需要高超的技术。"作为基巴尔的学生，基维深谙导师对艺术是与技艺相辅相成的独到见解。与之不同的是，基维在工艺中更多地看到了工匠的精神和价值："一个真正探索壁毯艺术的人，应既是画家又是工匠"。他一向认为艺术生命与复杂工艺是一个整体，任何手艺高超的工匠都不能代替创作者内心世界的感受，而不能亲手编织的壁毯艺术家，只算成功了一半。基维的观点可精辟地概述为"左手画家、右手工匠"，这不仅是他的实践创作指导，还是他的教学观念和主张。正是这一观点，让基维获得画家与工匠的双重身份。他既以工匠的情怀在戈贝兰沃土中辛勤地探索与劳作，又以画家的视角在观念与审美的天地中放飞自我、遨游驰骋。"左手画家、右手工匠"打破了美术界对工艺美术与艺术分属于两个截然不同领域的一贯认知，并且引发了中国学术界对基维"工匠精神"的探究。

二、编织中的绘画

"左手画家、右手工匠"对基维来说并非偶然。早在1950年他考入第比利斯国立美术学院绘画系时，就接受了绘画与工艺并重的教学思想与体系。当时美术学院的陶瓷美术专业并不是以工艺命名的独立系别，而是美术中的陶瓷。因此在教学中，教师要求学生带着艺术的眼光、绘画的技巧去理解陶瓷，进行陶瓷的装饰设计。"应用艺术与美术同在一个系的教学"方式，在学生时代基维的心中就打下了深深的烙印，这便是工艺与绘画相互影响，相互融合的基因。基维坚实的造型基本功和色彩功底，在陶瓷艺术创作中有突出的表现，至今在格鲁吉亚诗人伊利亚·恰夫恰瓦泽（Ilia Chavachavadze）博物馆还收藏着基维的本科毕业设计作品《伊利亚和他的诗》（图5.1）。

第比利斯国立美术学院绘画系陶瓷专业的本科学制是6年，研究生是4年，基维先后接受了长达10年的绘画与陶瓷艺术教育。他多年积累的深厚绘画功底以及对陶瓷专业的研究，很快让他成为格鲁吉亚画家和陶瓷艺术家。由于求学期间基维在专业中的表现突出，研究生还未毕业的他就已担任第比利斯国立美术学院水彩画教师，这在名家辈出的苏联艺坛极为罕见。正如清华大学美术学院赵萌教授在格鲁吉亚艺术考察中看到基维20世纪50年代水彩画时发出的感慨："基维如不选择壁毯，也是优秀的水彩画家。"

作为访问学者，20世纪60年代基维被苏联教育部和文化部派遣到捷克布拉格美术学院研修，与著名壁毯艺术家基巴尔相识。在他的壁毯工作室，基维被戈贝兰壁毯的美丽深深吸引，精湛的编织工艺将如此多彩的色线，编织出梦幻般的画面，充满肌理的视觉效果更让他耳目一新。于是他拜基巴尔

图 5.1　基维本科毕业设计的彩绘陶瓷《伊利亚和他的诗》，1956 年

为师，与壁毯结缘，走上了戈贝兰壁毯艺术的创作之路，欧洲古典戈贝兰成为他艺术生命中新的选择。"与绘画、陶瓷相比，编织是另一条连接艺术创作的路径，通过戈贝兰工艺手段能够实现艺术家的理想与愿望，让编织成为生动的艺术语言"。基维的一生从来没有中断绘画创作，无论在异国他乡，还是在格鲁吉亚，他都将所见、所思、所感记录在色彩斑斓的画面中（图 5.2）。在基维遗留下来的近万张水彩画中，可以看到现实主义、印象主义、浪漫主义等多种艺术风格。他钟情于自然与生活，以水色交织的形式自由地塑造形象，不需要轮廓线，也没有具象的块面，而是在酣畅淋漓中感受轻快与愉悦。当基维将水彩和戈贝兰两种艺术形式对接时，他深刻地感悟到："水彩对我来说是精神生活的重要组成部分，它是艺术的基因也是情感的标志，水彩好比瞬间闪烁的火花，表现我内在的灵魂。而漫长的壁毯编织，需要体力和精神的支撑，如果将两者从文学角度做类比，戈贝兰是长篇小说，水彩则是诗歌。"❶可见，这一快一慢，一短一长的不同表现方式，在基维眼中实则是相互影响、互为补充的关系。

❶ 翻译整理自 1997 年基维·堪达雷里接受格鲁吉亚媒体的采访稿。

图 5.2 基维的水彩创作

　　基维戈贝兰编织前的画稿大多以水彩形式表现。他反对在画稿上反复涂抹修改，讲究"一气呵成"的效果，与其改来改去，不如重新再画。他画草图的速度很快，并且使用刮、蹭、涂、晕、染等各种技法。看似快节奏的作画，殊不知好的构思已在心中酝酿很久，日积月累的想法形成强烈的表现欲望，由此才能落笔成画。基维戈贝兰编织的每一幅草图都是完整的画作，这与他创作之前的深思熟虑有直接关系（图 5.3）。他说："画稿就是未来的壁毯样品，创作之前就已经在心目中见到了它。"❶基维的画稿通常很小，有时甚至是黑白两色或简洁的线条，这一形式只是用来记录编织内容的手段，编织过程是在此基础上进一步完善，从而体现艺术家创作的最终目的。有时他甚至将画稿装在脑子里，直接在经纬线中编织操作。

　　从基维各个时期的壁毯作品中，可以看到他在色彩艺术之路上的不断探寻，以精湛的编织表达对色彩的感受，因此，他壁毯中的色彩具有非同一般的价值。基维从编织材料切入，将色线完美融入精湛的编织技艺中，对壁毯色彩进行细致入微的探索和表现。因此，丰富而鲜活的色彩成为他壁毯的独特之处。事实上，这种艺术与技艺所带来的突破与超越，唯有既是画家又是工匠的基维才能做到。

　　基维对艺术在工艺中价值的认知，不仅局限于格鲁吉亚，还拓展到整个苏联，并且直接影响到学院派的工艺美术教育。由工艺美术基础上发展而来的苏联装饰艺术，大部分来自生活中的实用门类，像陶瓷、金工、玻璃、纺

---

❶ 翻译整理自 1997 年基维·堪达雷里接受格鲁吉亚媒体的采访稿。

图 5.3　基维编织前的画稿

织等，这些工艺在产生之初是民间匠人所做，通俗而简单。审美方面不能提升到艺术的高度，更不被苏联艺术界认可。因此，在相当长的时间里，工艺美术和装饰艺术并没有受到应有的重视。当壁毯进入装饰艺术范畴的时候，许多艺术家还不能充分认识到编织艺术的本质，正如一位苏联艺术理论家将基维的戈贝兰称为"为生活织做的装饰"，然而，这只是艺术与工艺发展的一个阶段。20世纪60年代后，苏联的装饰艺术迎来了兴盛的时期。基维用耳目一新的戈贝兰壁毯，证实了工艺美术潜在的价值。他作为一位画家，成功地让壁毯成为艺术的表现载体，也让人们领略到其中别有韵味的审美体验，强烈的思想观念与浓厚的人文情怀。

　　基维的壁毯艺术已然超越了一般的手工技艺，他站在艺术的高度端正了苏联美术界对装饰艺术的偏见。1983年，基维获得了苏联国家奖（原斯大林奖）（Лауреат государственной премии по искусству），成为苏联历史上第一个获得此荣誉的工艺美术家。此外，他不断被苏联国家政府委托进行壁毯创作，并广泛运用在公共空间的装饰中，或被国家政府收藏。可见，基维在壁毯艺术方面的探索，已赢得苏联美术界的充分认可与赞誉，整个苏联工艺美术的地位由此获得提升。

第二节　工艺的文化认同与人文情怀

　　人类古老的编织历史告诉我们，从结绳记事开始就注定了人与纤维密不可分的关系。天然纤维被认为是人类的"第二层皮肤"，其中的装饰图案及符号记录并反映了不同时期、不同地域人们的生活习俗及文化特征，并通过世代相传的技艺得到发展。在源远流长的高加索历史文脉中，受希腊、罗马、阿拉伯等文明的影响，使格鲁吉亚有了多元文化的特征，正如流传于民间的多样的传统手工织毯，有些是格鲁吉亚的民间编织，有些综合了中亚与波斯北部的地毯特征，在装饰形式表现中颇为突出，成为基维壁毯创作的文化溯源。

基维的壁毯在与文化结合中体现出创作信仰，他用欧洲艺术遗产来解析格鲁吉亚民族特质，在传承艺术的同时也在传播文化。其壁毯作品鲜明地呈现出地域人文及信仰，表达了文化观念与内涵、诠释了民族情感与精神，在时间流逝中留下了不朽的印迹。正如美国壁毯艺术家南希·柯兹考斯基（Nancy Kozikowski）将编织艺术的本质定义为与历史文脉的发展息息相关，她认为："编织既是艺术也是工艺，它是文化表达的一种方式，每一种文化的形成都有艺术的塑造与推动，它构成编织中最稳定的因素。"

一、民族文化自觉与自信

基维在开始从事壁毯艺术的那一刻起，就将格鲁吉亚民族文化烙印于其中。独特的自然景观、生活习俗、人文特质都体现在基维的壁毯创作中。作为格鲁吉亚的一面镜子，他的作品折射出民族和地域性，这一切替代了华丽的辞藻、优美的赞歌，清晰而响亮地融入经纬交织的画面中。基维在捷克学习期间创作的第一幅壁毯《牧羊人》（图5.4）便带有浓郁的地域特征，描绘了身穿北高加索民族服装的山民，在山中游牧的情景。明暗穿插的黄绿色调，凸显了画面层次，体现出他对故土的眷恋。可以想象，身在异国他乡的基维，仍将格鲁吉亚民族文化带来的灵感，作为创作的首要选择。

诗歌和音乐是格鲁吉亚人的最爱，也是格鲁吉亚文学艺术中最杰出的成就"宁可没有土地，也不能没有诗歌"是格鲁吉亚广为流传的民间谚语。肥沃的土地，富足的物质被融进诗意的生活中，历经磨难的人们仍然坚强而乐观，他们不断将精神追求与对美好未来的希望，寄托于经久不衰的诗与音乐中。

基维壁毯充满了诗的意境，如果熟悉格鲁吉亚文学与诗歌，就不难理解其中的奥妙。作为艺术家的基维，通过充满诗意的壁毯抒发情感，谱写动人的篇章，这源于他对格鲁吉亚诗歌独到而深刻的理解。在苏联众多的诗歌流

图 5.4 《牧羊人》80cm×60cm，1965 年

派中，基维更加青睐 19 世纪初的浪漫主义诗歌流派。此流派着重表现神话传说，运用借物抒情的艺术语言，诠释自由主义精神和对民族的深厚情感。著名诗人瓦扎·普沙维拉（Vazha Pshavela）成为这个时期格鲁吉亚诗歌领域最高水平的代表。他独特的诗词擅长对自然进行描绘，瓦扎常将自己化作自然生命中的一员，来表现对周围事物的感受。跌宕起伏的情节，趣味性地展现了生命的和谐与韵律。这种借物抒怀的方式影响了基维，他像瓦扎一样热爱自然，并以编织的方式描绘格鲁吉亚的自然景观，以此寄托心中的情感。尤其是 20 世纪 90 年代后的风景主题创作，既真实又生动，既宏观又细腻，既有憧憬和希望，又流露着迷茫与无奈。

在作品《日出》（图 5.5）中，基维用褐色和翠绿色等浓重的色彩描绘了挺拔而苍劲的树木，显露出勃勃生机和无限的生命力。树丛中火红的朝阳缓缓升起，映衬着整个树林，也照亮了人们的内心世界。精湛的编织技艺让红色和绿色形成微妙对比，并且增添了前后叠加的层次感。这是典型的借景抒情式的壁毯，红日代表了无限希望和无穷能量，寓意光明、温暖即将照亮祖国大地，格鲁吉亚人民也将迎来胜利的曙光。

与之有同样象征性的作品《晚秋》（图5.6）是基维1996年在中央工艺美术学院第二次授课时创作完成的壁毯。他借格鲁吉亚的林中之景，怀念远方的家乡，而丛林中徘徊的马，代表了基维本人，暗指他当时的复杂思绪与踌躇的内心世界，他在求索格鲁吉亚未来的发展，并始终将格鲁吉亚的民族安危牵挂于心头。

除了诗歌之外，格鲁吉亚音乐和舞蹈也是基维壁毯中时常表现的主题。格鲁吉亚民歌中多声部的演唱技巧在苏联音乐界占有重要地位，这让基维感到自豪与骄傲。1966年，他受苏联文化部委托编织创作的作品《歌》（图5.7），就是格鲁吉亚东部民歌乌鲁木里（urmuli）带来的灵感启发。乌鲁木里是格鲁吉亚卡赫季州最古老的劳动歌曲之一，传唱者大多为牛马车夫，这种歌曲的特点是丰富的吟唱和装饰性的旋律，通常是即兴表演。每个部分均以高音域开始，然后旋律下降，节奏自由多变。《歌》以编织的方式，实现对音乐的视觉表现。作品中的蓝、黑、红三种色彩具有鲜明的视觉冲击力和情感，基维将重点放在毛线塑造的波纹肌理上，交错律动的肌理是变化的曲律，以编织来体现，让静态画面中增添了动感和韵律。此

图 5.5　《日出》50cm×40cm，1944 年

图 5.6　《晚秋》100cm×80cm，1994 年

图 5.7　《歌》100cm×130cm，1967 年

外，被收录在《现代苏联壁毯》（*Modern Soviet Tapestry*）中的作品《去打水》
是基维20世纪70年代的代表作。受民间传统音乐"三重奏"的启发，描绘
了斯瓦涅季地区（Svaneti）人们劳动的场景，人物整齐划一的动作，代表了
乐曲三声部的旋律。基维认为："音乐无论是古典还是民间，都能陶冶艺术
家的情操，艺术如果缺少音乐的节奏，就像缺水的花朵一样没有生命。"❶因
此，他的壁毯作品很多都是以音乐来命名，比如《音乐》《第比利斯小夜曲》
《春天的合唱》等，这些作品名称本身就是乐曲，对观者的情感产生直接影
响。基维壁毯的形式表现也好似不同的音乐，以音律不同带给观者不同的感
受，有时是浪漫悠扬的抒情曲，委婉而细腻；有时是慷慨激昂的进行曲，宏
观而壮丽。20世纪90年代后基维的晚期作品，更多带有对人生的感悟，现
实的困惑，理想的寄托，以变幻莫测的编织线条，构成了生命的交响乐。

　　格鲁吉亚民间主题贯穿于基维壁毯创作的各个阶段，作品中除了对音
乐、诗歌的表现之外，还不乏对民间生活习俗及节日场景的描绘。阿拉维
尔多巴（Alaverdoba）是盛行于格鲁吉亚民间大型的宗教祈福与祭祀活动，
基维凭借壁毯描绘了节日中人们载歌载舞的欢愉场面。头戴黑色毡帽、身
穿民族服装的卡赫季男人，弹奏着乐器在歌唱，展现出民间传统习俗及特
征。而远处日暮映衬下的教堂，暗寓格鲁吉亚的宗教信仰和对生活的祈祷

---

❶ 翻译整理自1997年基维·堪达雷里接受格鲁吉亚媒体的采访稿。

（图5.8）。《格鲁吉亚山民》（图5.9）是基维的另一幅晚期代表作，描绘了北高加索赫芙苏利（Khevsureti）山民的生活场景。独特的山地风貌将身穿民族盛装的男女围绕其中，他们在对诗与吟诵中，传递出温婉与爱情的信息。值得一提的是，在基维这件编织作品的背面，用中文写有"赫芙苏利的恋歌——伟大诗人纪念献礼"。

　　基维的壁毯与格鲁吉亚诗歌、音乐、舞蹈、民间风俗及地域文化都发生了不同程度的碰撞，通过多层次的生活现象与思想活动，反映壁毯工艺的审美创造，呈现出鲜明的基维语言。这种语言不需要翻译或解释，就能被众人拥护和喜爱。可见，基维壁毯中的意蕴，正是民间壁画、宗教、装饰艺术对它的不断充实和丰富。这让基维壁毯充满了意味深长的价值。透过其壁毯，可以看到格鲁吉亚独特的历史文化。

二、编织情感与精神力量

　　基维壁毯艺术之所以在苏联时期成为学院派工艺美术的典范，并且得到国际壁毯艺术界的普遍认同，是因为其工艺既塑造了装饰审美，又具有艺术

图5.8 《阿拉维尔多巴》
170cm×100cm，1967 年

图5.9 《格鲁吉亚山民》
93cm×92cm，2002 年

表现的思想与张力，并且交织着艺术家的责任担当与使命。这种情怀，根源于他深深热爱的国家。基维以艺术家和工匠的双重身份，进行非物质性的文化体验，在亲力亲为的行为模式中探寻生命的意义。正如基维通常认为的："艺术家需要艺术至上，追求商业利益或以商业为目的的艺术是停滞的艺术，金钱不会给艺术家带来真正的想象力和纯粹的创造性。"无论是创作于20世纪60年代的《和平鸽》、70年代的《团结就是力量》，还是80年代的《牧民》、90年代的《亚当夏娃》，不同时代的作品均歌颂了和平、友爱、团结，赞扬劳动和生命等人类永恒的价值追求，是基维创作观和价值观的集中体现。

20世纪90年代，基维的壁毯更加具有深刻的思想内涵，基维以情感的编织、精神的力量，践行着他对祖国、人民和民族的爱与关切，通过经纬交织来表达自己的情感诉求。

格鲁吉亚独立前夕，基维频繁地受邀到中国讲学，传授壁毯编织技艺。授课中他极有耐心地启发和辅导每一个编织环节，全身心投入壁毯教学中，成为中国师生敬佩和喜爱的格鲁吉亚老师。然而当被问到："一生中最幸福的事情"时，基维的回答并不是某件作品的创作，也不是难忘的生活经历，而是关乎格鲁吉亚民族兴亡，最激动人心的那一刻：清晨当我打开窗，听到响彻山中的声音："格鲁吉亚独立了！"这是我一生中最开心、最幸福的事情。可见，基维内心深处始终牵挂着祖国的安危。他渴望民族独立、国家富强、人民幸福，这道情感主线贯穿于他的创作，由此成就了他一系列饱含民族热情、彰显家国情怀的力作。正如寄予自由及和平愿景的《第比利斯黎明》，表现了格鲁吉亚独立之际，他虽身处异地，但依旧心系祖国的民族情怀，以及在中国的无数个难眠之夜，通过经纬交织来叙说牵挂与期盼的心情。此外，为表达和平的呼声，基维与中国地毯厂的工人共同编织创作的《和平》，毯面中抽象的手托起地球，在深沉的背景中格外突出。他还借用中国传统哲学的"阴阳观"痛斥格鲁吉亚内战，以阴阳相离相合、最终合成而章，痛斥流淌着同一血脉的民族之间的分裂和斗争，以此来表达坚守民族团结的信念。

1991年基维回到格鲁吉亚，创作的第一件壁毯作品是以宗教故事为蓝本的《游子的忏悔》（图5.10）。画面中教徒跪在神父面前忏悔，神父抚摸着他的头，表情严肃，目光深邃地望着远方。基维以此来隐喻在祖国独立之时，自己却置身国外，没有与人民共患难，也没有尽到一个格鲁吉亚公民的责任，内心充满无尽忏悔。而在另一件作品《亚当夏娃》（图5.11）中，基维则

图 5.10 《游子的忏悔》　　　　　　　图 5.11 《亚当夏娃》
60cm×150cm，1991 年　　　　　　112cm×70cm，1995 年

以爱和生命为创作主题，给出了他心中的答案。独立后的格鲁吉亚在发展中
迷失了方向，探寻民族振兴之路成为每一个公民的责任，对基维来说更是如
此。他用壁毯编织描绘了宗教故事中关于生命之源的解析，重新演绎了千百
年传唱的《亚当夏娃》。肃穆的灰冷色调凸显压抑与惆怅的情感，格鲁吉亚
版的人物亚当、夏娃受到蛇的诱惑正在偷吃禁果，而笼罩在人体之上的柔美
色彩打破了沉闷与阴郁，将希望与美好融入其中。基维以对生命的崇拜，思
考与探究格鲁吉亚的民族发展与振兴。

　　基维的作品不仅以叙事性画面表现深刻的思想，并且通过轻松优美的自
然风景寄托情感，作品《最后的约见》（图5.12）就是典型代表。20世纪90
年代，基维专注创作小型的壁毯创作，但艺术处理方式更为精致灵活，坚硬
的笔触变得柔美且自然，绘画的语言表现更加突出。此作品形象地描绘了深
秋季节，两只站在窗台上徘徊踌躇的小鸟在窃窃私语，无声的画面引人浮想
联翩，表现了曾经的朋友、知己依依不舍的惜别……作品借景抒情，揭示了
基维内心深处对民族统一的关切，以及即将告别好友的孤独与无助。

　　基维将创作观念寄予经纬之中，情感作为审美领域的超越成为凝结在作

图 5.12　《最后的约见》82cm×72cm，1977 年

品中的哲理。它驱使创作者与观者一起关注人类整体，提高人的精神自觉。与欧洲壁毯艺术家注重表现个体不同，基维主张在丰满的人文主义和生命体系中进行建构。他的壁毯艺术并非自我表达的过程，而是渗透了人类最主要的观念以及为社会服务的理念。"艺术不仅为了艺术本身，还是为了生活和人类"，这是基维艺术之路的真实写照。迷茫、压抑、痛苦或是开心、喜悦、幸福充斥着他的精神世界，最终化作一道道经纬编织，叙述着基维强烈的民族精神与爱国情怀。"艺术家不应仅关注纯粹的'自我'，还应把自己置于'大我'的社会化语境中彰显价值。"这一艺术伦理，在基维1991年前后的编织作品中体现得尤为明确。这一时期他的壁毯艺术不仅以视觉形式展现内心世界，并且深入地把握人类共同的理想与追求。这种"大我"的情怀，在强调艺术家个人情感力量的同时，更突出表现其责任感、使命感和崇高的精神境界。

第三节　国际化工艺的传承与传播

　　编织的历史告诉我们，壁毯一直存在于人类发展的历史长河中，随着社会、文化、艺术、观念的变化，从实用与装饰中逐渐蜕变。现代壁毯除了作为装饰之外，还是与绘画、雕塑相提并论的艺术。20世纪上半叶，以吕尔萨为代表的艺术家参与到壁毯创作中，通过复兴与挖掘传统壁毯特征，推动了现代壁毯艺术的发展。当欧洲艺术家看到壁毯由于特殊材质与手工技艺形成的艺术审美及价值时，纷纷投入其设计与创作中，捷克壁毯艺术家基巴尔便是其中的代表之一，他将古典戈贝兰壁毯进行现代化的演绎，将手工艺与艺术进行完美融合。

基维作为现代壁毯艺术家，在传承吕尔萨和基巴尔壁毯艺术创作观的基础上，将壁毯工艺内涵进行深化，他手中的织作摆脱了材料与技艺的局限，获得精神与审美的引领。除此之外，基维还以教育和展览的方式推动壁毯艺术在国际范围内的交流发展，对壁毯艺术进行进一步传承与发展。他首先将格鲁吉亚壁毯艺术拓展到高加索地区，在苏联产生广泛的影响。其次通过展览交流，令这门技艺重回欧洲及世界多地，并在中国广泛散播戈贝兰艺术的种子，试图让横、竖交织的经纬之网将世界串联。

一、壁毯艺术在欧洲的发展
1.工艺的传承与创新

20世纪初，面对欧洲壁毯业的衰落，画家出身的吕尔萨决心投身于法国民间奥布松壁毯的复兴中，同时开发新的编织语言对传统进行改革。他通过简化壁毯形式，让其更加具有平面的装饰效果，改变了复杂图案和繁缛色彩让织造过程更长、成本变高的现状。虽然这个举措让现代壁毯艺术产生了很大的改观，但并未改变设计与编织分离的状态。艺术家仅作为图稿设计师，整个编织程序仍由工人最终完成。

与西欧壁毯艺术家不同的是，东欧壁毯艺术实现了手工与设计同出于一人之手的创作原则。正如身为机器制造厂的织物设计师基巴尔，不仅绘制织物图案，并且亲自从事编织。他通过对材料及表现效果的摸索实践，孜孜不倦地探寻织物特性，在承认壁毯艺术性的同时，还强调织物装饰的概括精炼。他通过减弱空间造型来满足壁毯编织的需要，并且主张在写实绘画中提取精炼的元素进行编织。他将壁毯定义为几个有限的色调，通过经纬交替变换产生丰富微妙的过渡与肌理。从这个角度来看，基巴尔与吕尔萨倡导的现代壁毯艺术有一定的相似性，但突出强调艺术性则是基巴尔的创新。"当艺术家离开纸面坐在织布机前时便进入到自己的王国，他能发现纤维的魅力，让情感翱翔并且创造奇迹。"基巴尔通过艺术的方式给机器织物重新定义，在遵循其构造原理的同时，丰富了材质与肌理的审美表现。通过对技术的探索，拓展与延伸了艺术表现的可能。壁毯艺术家的工具为编织机，以线及其染色来创造，而不是画笔与颜料。基巴尔将壁毯视为独立的艺术门类，将表现主题与观念进行关联。他在编织中更多地将观念物质化，凭借编织媒介阐述创作观点。因此，他时常考虑技术可能性与观念的联系，如选择新的工具丰富壁毯艺术语言或直接在织机上实现艺术创意，而非仅借助于图稿。

基维的壁毯创作传承了基巴尔的观念与表现。其艺术灵感虽来自现实，但并非写实，而是将其进行调整与重构，使其更加符合编织技术与观念的表达。受实用与装饰的影响，基维初期的创作更多带有几何化的图案特征。随着技艺的成熟，他开始致力于苏联现实主义绘画性语言的表现探索。20世纪90年代后，基维的壁毯充满现代主义艺术风格，他主张用思想情感引领编织，其精湛的技艺让壁毯超越了经纬局限，达到自由塑造的境界。

中国艺术理论家将20世纪90年代基维的绘画性编织语言看作现代纤维艺术家对编织的深层认识与把握。而基维的绘画性壁毯，讲究绘画与工艺的互为互成，既要精致雕琢丝丝入扣，又不能僵化在精致技术之中，而是两者的完美统一。除此之外，基维还传承濒临失传、鲜为人知的格鲁吉亚民间平织毯帕尔达吉的工艺特征，将其运用在壁毯创作中。从而赋予壁毯工艺一定的民族文化印记，在发展中既传承民族文化，又充满时代感。可见，基维将壁毯进行艺术文脉的延伸，从审美、装饰、文化等多角度进行综合思考。

2.观念与精神的诠释

吕尔萨认为画家和作家都能对作品进行最好的诠释。壁毯是创作者和观者之间的对话，它像文字一样传递思想内容。

昂热城堡的大型壁毯《启示录》曾让吕尔萨产生了视觉和精神上触动。这件作品850m²、描绘了14个场景，纵横交错的纹理，缤纷艳丽的色彩以及惟妙惟肖的形象和细节，蕴藏着深层次的精神和理念，传播着善良和正义。受《启示录》的影响，吕尔萨用十年时间创作了新世纪《启示录》——《世界之歌》。画家以大地、星球、繁星、人、生灵等自然元素为蓝本，鲜艳的颜色在凝重的背景中呈现，充满了神秘和幻想的意境。作品旨在表现战争、疾病、死亡给人类带来犹如世界末日般的感受和人类用智慧缔造的幸福、和平与爱的场景，也暗喻画家本人经历过两次世界大战，亲眼看见战争的灾难和生死存亡，借柔软的壁毯柔化心灵，表现对世界和平的期盼。

与吕尔萨一样，基维认为壁毯不仅是装饰物，也是艺术家思想的媒介。"戈贝兰需要观念，形式和内容的契合很重要。如果形式和内容没有关系，那么就不能得到想要的结果。"[1]基维通过对自然、地貌、风俗等现实事物的编织描绘，表达内心的情感与观念，将对祖国和人民的爱与关怀，融化成纵横交织的线。正如在基维壁毯风格趋于成熟且被苏联艺坛认可之时，他却不惜用三年的时间编织了彼罗斯曼尼的绘画。作品中，除了精湛的技艺与艺术审美之外，最打动和吸引人之处是蕴藏在作品中的观念。作品生动地展现基维丰富的精神世界。彼罗斯曼尼一生以绘画的方式将爱献给了祖国和人民，基维正是被这种人性中的关怀所打动，带着无限的敬仰与崇拜，用细腻的编织语言来讴歌这位伟大的格鲁吉亚民族英雄。

中国艺术家将包括壁毯在内的纤维艺术比喻为带有人类文化共同特质的"精神家园"。这个家园凝聚美好，用爱与善的情怀感染人们，不仅带来审美愉悦，而且诠释了人性的高尚。直到现在，这种情感观念仍然启示着中国纤维艺术家的创作，让他们在面对纷繁多样的纤维艺术时，始终坚持以表达社会时代诉求和人类文化价值取向为目标。

3.建筑空间中的"纪念碑"

吕尔萨1947年在巴黎出版的《壁毯织物》(*Tapisserie francaise*)一书中提到："壁毯不仅是小的装饰艺术，还是大型的纪念碑创作，它能够在大的背景下被看到，就像一幅壁画。"从此，他开始寻找一种偏向于建筑而不是架上绘画的方法进行壁毯创作。吕尔萨的作品时常带有装饰性图像和民族化符号，致力于诠释人类的自由与和平。因此，他的壁毯常被用在教堂中，与宗教信仰相呼应，展现他独有的创作观。吕尔萨是艺术家，同时也是诗人，壁毯中的色彩和造型充满了诗意的氛围，笼罩着浓郁的情感特征，让前来教堂中的人们产生情感的共鸣。吕尔萨开启了世界壁毯艺术发展的新时代，他所认为的壁毯空间应用与价值，对后人从事壁毯创作有深刻的启发。

受吕尔萨的影响，基巴尔同样善于从纪念性的角度思考壁毯艺术创作，

---

[1] 翻译整理自1997年基维·堪达雷里接受格鲁吉亚媒体的采访稿。

并且多次接受委托为公共空间设计纪念碑式的壁毯。比如，他曾受苏联政府委托，为捷克斯洛伐克使馆设计主题性壁毯，1958年为布鲁塞尔世界博览会设计主题为《四季》的壁毯，每一个板块均用典型的季节色彩描绘了大地、人类、自然和民间习俗，并将不同元素和谐地融为一体，让多样的材料、缤纷的色彩服从于统一的艺术概念，很好地诠释了季节的主题。除此之外，基巴尔还为城堡和宫殿进行壁毯设计，在传统的语境中融入新的语汇，深化并寄予新意，体现编织中线的意境，以及自然、人和社会的关系。

由于壁毯吸音和保暖的特征，格鲁吉亚民间壁毯也时常出现在教堂及宽敞的建筑中（图5.13）。这些壁毯虽形式简洁，但情感丰富。如为圣坛创作的壁毯，通过色彩变幻描绘灵光照射的效果，且凝聚柔美而抒情的氛围。悬挂于墙面的大型壁毯，题材上以宗教故事、圣像画等叙事性表现为主，致力于传递宗教思想，成为替代壁画的"柔软艺术品"。

基维的壁毯为苏联装饰艺术发展贡献了主要力量，尤其是他的现实性题材创作，成为宣传社会主义意识形态的载体。柔软的材料、温和的艺术语言，委婉地传递出潜在的观念与情感力量，起到教育与传播的目的。因此，他的壁毯艺术大多被视为空间中不可分割的一部分，不仅应用在博物馆、礼堂、酒店等大型建筑环境及场景中，还陈设于办公室、咖啡馆、面包店、茶室等小型或私人住宅中。

图5.13　格鲁吉亚库塔伊西（Kutaisi）图书馆陈设的壁毯《库塔伊西》

二、戈贝兰与中国传统文化的交融

基维不仅是一位杰出的壁毯艺术家，还是东西方文化交流的使者。他除了在苏联、格鲁吉亚复兴戈贝兰壁毯技艺之外，还将这门技艺进行国际化传播，通过教育与交流将壁毯艺术推广到中国。

在中国的壁毯艺术教育中，基维将中国传统缂丝工艺与欧洲古典壁毯技艺的比较作为教学重点。两者均有源远流长的历史，但从属于不同文化，因而造就了相似工艺的不同表现。缂丝是中国古代工艺的瑰宝，它用蚕丝作为材料，采用通经断纬的方式，进行手工编织操作，其织做原理与戈贝兰相似。基维在对缂丝技艺分析的基础上，引入欧洲的戈贝兰编织，以此启发学生对这门技艺的理解。然而，对于动手较少的中国学生来说，最难的是如何像艺术家一样织做，他们对戈贝兰技艺既充满好奇，又难于通过戈贝兰技艺进行艺术表达。因此，基维将教学重点放在工艺传授中，通过对羊毛线的经纬编织探索，让他们重新认识织物的塑造力及其文化价值与审美性，以及与时代的关联。

基维的戈贝兰教学法历经十余年后在中国落地、生根、结果。一时间，壁毯艺术成为新兴的装饰艺术门类得到快速发展。从 2000 年首届"从洛桑到北京"国际纤维艺术双年展中可以看到，中国艺术家的作品几乎全部以平织毯的形式呈现，其中手工编织占了绝大部分。这些艺术家大都是基维的学生，他们有的用戈贝兰工艺阐述中国传统题材；有的对传统技艺进行创造，以此进行中国式的演绎。如将中国民间编结技法融入其中，或将地毯中的栽绒技法与之联系。在展览研讨会上，基维欣喜地说："虽然艺术家们来自不同国家，但因为相通的艺术语言，让我们有了一定的血缘关系。"[1]基于此，"从洛桑到北京"国际纤维艺术双年展成为国际艺坛认可的学术品牌。每届参展作品都交织着不同的地域文化，既传统又现代的壁毯艺术被不断创新、演绎。基维不仅为中国艺术增添了新的门类，并且让艺术家领悟到中国传统工艺中蕴藏的价值与魅力，它与西方的戈贝兰技艺一样值得被传承和研究。

诚然，基维在中国传播戈贝兰壁毯技艺的同时，也受到中国传统文化的影响。如 1990 年他在中国创作的《第比利斯的黎明》（图 5.14），虽然建筑、环境、人物都带有典型的格鲁吉亚特征，但人物手部的形态区别于他以前作品中的表现，这里不再是宽大、厚重、有力的劳作之手，而是多了几许纤细

---

[1] 刘光文翻译的基维·堪达雷里在"从洛桑到北京"2000 国际纤维艺术双年展暨理论研讨会上提到的内容。

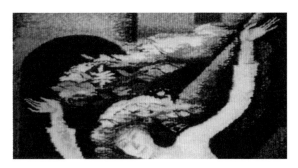

图 5.14 《第比利斯的黎明》局部

与精巧。基维受中国明代壁画艺术的影响，选取中国佛像中手的姿态，从而赋予女神形象更多的灵性。除此之外，他还借壁毯表现中国传统的佛教建筑，创作了作品《湛山寺印象》（图 5.15），通过编织处理的湛山寺古建筑颇有水墨画般的空灵意境，与浓重油彩渲染的格鲁吉亚教堂截然不同。这是身在异国他乡的基维，以另一种方式表达他对祖国的思念。

除此之外，基维还对中国传统哲学思想充满了兴趣。尤其是哲学体系中的阴阳观，以一黑一白，亦动亦静的逻辑形式，诠释着中国上千年的思想文化，其表面形式之外的深层奥秘，就像一块巨大的磁石吸引着外来学者的探究。基维被来自东方的哲学深深打动，他通过不断学习、了解，领悟其中的真谛，将这一思想融入戈贝兰壁毯中，先后创作了《惨案》《阴阳》和《黑夜与白昼》（图 5.16）三幅作品，令纤纤物语充满哲理性的思考，升华了中国哲学的语境，让表现别具一格。

可见，基维不仅热爱自己的故乡和文化，并且尊重他国的信仰与风俗。当提到他在诸多旅程中最深的记忆时，基维立刻自信的回答是"人"。人的悲痛、困惑、沉思、快乐、幸福以及他们的容貌、表情都充满着固有的文化特征。每个国家和民族都有典型的传统艺术，可以让他们更加自信，这是最为可贵之处，这种艺术让人百看不厌。正如基维在最初来到中国时谈到，他遗憾有着几千年文明的国家居然没有属于自己的雕塑艺术，而当他看到西安碑林博物馆和乾陵古迹时又发表感慨："原来中国有世界上最好的雕塑。"

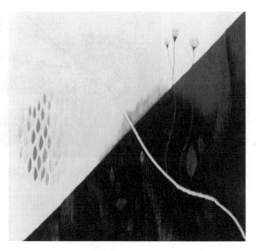

图 5.15 《湛山寺印象》
60cm×50cm，1991 年

图 5.16 《黑夜与白昼》80×80cm，1994 年

三、编织连接世界

世界多地都有传承的手工编织技艺，它们存在于悠久的历史及民间文化中。虽然这些织物名字不同，但经纬交织的技艺大体相似。基维同样认为壁毯艺术可以让人类亲近，就像"戈贝兰"虽源自法国，但被不同国家的纺织艺术所接纳，最终成为壁毯艺术的学术代名词，工艺中蕴藏着人类共同的文化特质。

作为格鲁吉亚艺术家，基维曾连续三届参加拉脱维亚国际壁毯艺术展，在苏联壁毯艺术界崭露头角。随着壁毯艺术趋于成熟，20世纪80年代，他先后在第比利斯和莫斯科举办个人作品展（图5.17），展出的作品涵盖水彩画和壁毯两部分。他的作品充满格鲁吉亚地域及民族特征，将苏联社会主义观念与格鲁吉亚的宗教信仰并存其中，充满耐人寻味的寓意。基维将对格鲁吉亚人民的爱、对祖国的歌颂与赞美融入壁毯创作，无论是作为画家还是壁毯艺术家，他都获得了苏联文化界、美术界的一致认可。然而，基维的壁毯并非仅局限于苏联，还拓展到欧洲、亚洲等许多国家，他试图在更广阔的领域中传播戈贝兰壁毯。

1982年，基维带着他的作品《彼罗斯曼尼之梦》代表苏联艺术界，走入

图 5.17　基维在莫斯科的个人作品展现场，1981 年

国际壁毯艺术的舞台——瑞士洛桑国际壁毯双年展（图 5.18），这件 24m² 的大型戈贝兰壁毯杰作，让现场观众无不感慨、惊叹、震撼。基维以现实主义全景画的方式，将普通、平凡的题材以精湛、高雅的古典技艺加以表现，无疑证明了彼罗斯曼尼在基维心目中崇高的地位，表达了艺术家对祖国、对人民的热爱。这件纪念碑式壁毯，从独特的角度诠释了纤维与空间的关系，面对其他立体的纤维艺术与空间装置毫不逊色。它不仅让世界看到了戈贝兰壁毯的生命力和文化价值，而且让当代迷失方向的壁毯艺术家看到了未来壁毯艺术的发展前景，鼓舞了他们进行创作的勇气和信心，再次证明壁毯是不会被替代的"历久弥新的艺术"。

　　洛桑国际壁毯艺术双年展无疑开启了国际现代壁毯艺术发展的先河，在它的引领下，世界上许多国家掀起了壁毯艺术的创作热潮。第二届洛桑展中，波兰艺术家以其独特的艺术形式为本国壁毯艺术赢得了国际赞誉，1972年，波兰成功举办以壁毯艺术为主的首届罗兹纺织三年展，随后第二届展览规模由国内拓展到国际。基维作为特邀的格鲁吉亚壁毯艺术家参加了第二届展览与研讨会，并将他的作品《四季》之一进行展示。此作承载着对格鲁吉

图 5.18　第十届洛桑国际壁毯双年展现场

亚四季优美而诗意的描绘，以独特的构图表现四季的循环往复，作品充满了和谐的生命韵律，阐明人、自然、生命之间密不可分的关联。

　　"基维风格"壁毯以其典型的手工艺及文化性，于20世纪70年代后风靡苏联和欧洲艺坛。而随后他在法国南特、德国萨尔布吕肯、西班牙毕尔巴鄂和意大利西西里等地举办的个人作品展和联展，更让欧洲艺术界对这位来自格鲁吉亚艺术家的壁毯有了深入的了解与认可。

　　在历经探寻思索之后，20世纪70年代末到80年代初，基维的壁毯艺术逐步走向成熟与辉煌，并且产生了广泛的国际影响。1977年适逢国际联欢的日子，基维壁毯艺术展在第比利斯友好城市德国萨尔布吕肯的中世纪城堡内开幕。古典的穹顶、圆柱与现代的壁毯艺术相互衬托，高加索古老的民族文化气息，多声部的合唱民歌，雪山与黑海的交响曲，层峦叠嶂的山脉与自然美景……一同走进了古老幽静的欧洲教堂。正如基维所认为的，由于艺术的相通而让人类互相接近。戈贝兰以其自由而绚烂，柔软而高贵的特质，温暖了每位观看者的内心。艺术家的织做不再局限于繁缛精致的唯美与幻想，而是以现代艺术语言的方式贴近现实，成为众人喜爱的艺术。基维向观众详细阐述了格鲁吉亚民间纺线、染色的技艺，艺术家创作画稿以及编织的一系列过程，以此说明民间工艺与艺术家创作的关联。画家用手工的方法在编织框上完成，而不是利用机器织做，让毛线充满了人性化和情感化的特征。基维向大家演示不同织法创造的不同效果，这项源自西欧宫廷的手工艺术，被这位来自高加索的"山民"解析得淋漓尽致。

20世纪90年代，基维来中国讲学，了解到中国源远流长的丝绸文化和纺织历史，于是提出在中国举办纤维艺术展览的想法。正如基维所愿，2000年首届"从洛桑到北京"国际纤维艺术双年展成功落地于中国，东方文化的包容和博大精深由此得以诠释，此展吸引了来自世界上15个国家的艺术家前来参加。基维作为双年展的倡导者，大力支持展览的策划和举办。他广泛宣传，鼓励并邀请了许多艺术家参与，扩大了展览的国际规模及影响力。开幕式上基维发表热情洋溢的讲话，阐述展览举办的宗旨和意义，并且在研讨会中率先发言，积极与各国的艺术家交流、探讨、分享创作经验。在历届"从洛桑到北京"国际纤维艺术双年展中，他均拿出优秀的代表作进行展示，无论取材于现实生活的《春天的合唱》《窗》，还是带有超现实的《镜》，或是抽象表现的《风》《音乐会之后》等，这些作品不仅展现格鲁吉亚的民族和地域特色，并且从不同角度传达基维的思想观念。他以团结的理念在展览中与世界艺术家共筑纤维艺术的美好，并将格鲁吉亚的文化艺术进一步发扬光大。

除了欧洲、中国之外，基维还在加拿大、美国、日本、印度等地举办展览，留下了他编织艺术的印记。在以壁毯艺术进行国际化交流的同时，基维的作品还不断被各国的博物馆及私人收藏，或作为馈赠的珍贵国礼，传递格鲁吉亚与其他国家之间的友谊，如《游子的忏悔》被格鲁吉亚前总统谢瓦尔德纳泽收藏，《四季》之一作为国礼赠送给土耳其前总统苏莱曼·德米雷尔（Suleyman Demirel），另有其他戈贝兰壁毯作品被作为外交礼物。由此可见，基维的壁毯已然超越了单纯的艺术范畴，而是作为格鲁吉亚国家形象的代表，成为连接同其他国家友好交往的纽带。

从苏联到欧洲，从欧洲到中国，从中国到世界……基维带着他的壁毯艺术游走于世界，不断地传播推广。作为文化传递的使者，他是继吕尔萨之后另一位为"编织连接世界"做出重大贡献的艺术家。在不同地域文化、思想观念的相互影响中，戈贝兰壁毯被不断注入新的活力。尤其当基维把这种编织技艺带到中国时，促使了中国纤维艺术的不断崛起，其主要表现在：一方面教育的承接，让中国出现了一批有为的壁毯艺术家和纤维艺术创作者；另一方面，基维作为具有国际视野和大格局的艺术家，有力倡导并推动了国际纤维艺术展在中国的成功举办。随着时代的发展和艺术观念的演进，促使中国纤维艺术潮流与趋势的不断发展，实现了中国纤维艺术的国际化。这些均印证了基维所认为的壁毯是艺术家的共同血脉，连接你我，贯通世界（图5.19）。

图 5.19　基维在中国、意大利、格鲁吉亚、法国、苏联的个人作品展及联展海报

第六章

基维壁毯艺术的启示

格鲁吉亚艺术家基维·堪达雷里不仅是苏联国家奖的获得者、格鲁吉亚功勋画家、第比利斯国立美术学院教授，还是中央工艺美术学院、鲁迅美术学院、黑龙江大学艺术学院、山东省丝绸工业学校等多所中国艺术院校的客座教授。他在世界艺坛享有"戈贝兰之王"的美誉，是国际公认的壁毯艺术创造者、教育者和传播者。

现代壁毯艺术兴盛于欧洲，两次世界大战给这些国家带来毁灭性的打击，基于战争的经历与反思，许多画家、艺术家致力于创作关于自然、生命、人性、伦理等相关主题的艺术作品。壁毯以其特有的天然材料与柔和质地恰逢其时地进入此时的流行艺术中，成为战争中表达关爱、抚慰灵魂与表达美好期盼的一剂良药。无疑，充满手工温情的艺术编织，成为颂扬战斗精神和爱国情怀的载体。战争虽然破坏了工厂，让织工流离失所、国家织造商受挫，但由于艺术情感与精神表达的需要，壁毯仍然进入主流艺术之中。比如著名画家马蒂斯、毕加索、米罗、杜菲、莱热、夏加尔，雕塑家摩尔以及建筑大师柯布西耶，纷纷投身于现代壁毯艺术创作中，他们用编织叙写内心思绪，彰显其独特魅力。他们还创作了像纪念碑艺术一样用来记录史实、歌颂功德、具有宣传和教育意义的大型壁毯。以吕尔萨为代表的艺术家，将壁毯艺术推向全世界，呈现出以欧洲为中心的辐射状。格鲁吉亚艺术家基维的壁毯艺术就是在这样的时代背景中产生的，在传承经典的过程中不断塑造自身特点并融入当下的艺术生活中。

1. "左手画家、右手工匠"的学术主张

"左手画家、右手工匠"的学术主张源于基维创作中"技"与"艺"的不可分割性。本书主要从编织核心要素"技""艺"两方面分析基维壁毯艺术的特征。"技"是创作的根基，基维壁毯中的"技"并非完全等同于古典戈贝兰，而是从编织本质及文化内涵的角度，创造性地发展了这门工艺，令壁毯同时带有法国古典艺术血缘与格鲁吉亚民族文化基因。基维壁毯中的"艺"与苏联现实主义美术和西方现代主义绘画紧密关联，它是思想与情感表现的媒介，同时受时代、观念、艺术及审美的变化而变化。

作为一名画家，基维从艺术的角度解读壁毯，将其作为独立的艺术表现形式，具有较高的审美和品位，是表达自我与诠释精神的载体。但基维的壁毯并非仅以艺术来定义，其中还蕴藏着较高的技艺水准，并由此带来了作品欣赏中的自然性、偶发性和过程性。不拘一格的编织结构及肌理形态呈现出自由的意象，同时将神秘和想象的偶发介入其中，让观者在手脑并用、身心结合的过程中细细体味，从而获得精神上的愉悦。

纵观基维40年的壁毯创作历程，大体可分为三个典型时期：分别是20世纪60年代的技法探索时期，20世纪70～80年代的艺术风格成熟时期和20世纪90年代后的超越物质、精神升华时期。从技术层面来看，其工艺由经纬制约发展到游刃有余的表现；从艺术角度来看，其风格从较强的装饰感过渡到鲜明的艺术性。这不仅体现了艺术家对壁毯的求索与实践，并且证明基维壁毯中"技""艺"的彼此建构，相互影响。

从"技""艺"关联而引申出"左手画家、右手工匠"的定义，是对基维壁毯创作模式的精炼概括，也是他教学思想的体现。20世纪80年代末，随着国际展览和对外交流的不断举办，中国新工艺美术应运而生，艺术家的视野和观念也随之被拓展。许多艺术家对棉、毛、丝、麻、竹、木、金属、砂石、黏土等原属于工艺范畴的材料表现出极大的兴趣，并借此进行全新的艺术创造。基维是继保加利亚艺术家万曼之后，第二位在中国传播壁毯艺术的外国艺术家。自1990年他将"戈贝兰"壁毯带到中国后，十几年间从北向南，从东到西，以"左手画家、右手工匠"的"基维模式"，从"技""艺"两个方面展开对院校师生的壁毯艺术教育，在中国大地上持续播撒戈贝兰艺术的种子，对中国纤维艺术，尤其是壁毯艺术的发展推进产生了广泛而深远的影响。

2.基维影响中国纤维艺术发展的三个方面

本书从基维壁毯教学引入、教育主张与模式、教育传播与影响、中国纤维艺术展览的倡导与推动等方面进行详细论述，总结出基维影响中国纤维艺术发展的三个方面：

首先，基维为中国纤维艺术崛起奠定了基础。

洛桑国际壁毯双年展的发展历程告诉我们，当代纤维艺术的发展从壁毯开始。艺术家吕尔萨为在世界范围内复兴古老的奥布松毯，发起了国际性的壁毯展览。展览中以东欧的波兰为代表的艺术家异军突起，显示出与法国等西欧艺术家的截然不同。由于艺术家亲手创作和对软材料的探索研究，使作品形态多元化，这种形式被美国当代艺术家演变成以材料命名的纤维艺术。"从洛桑到北京"国际纤维艺术双年展传承了洛桑展的主旨精神，第一届、第二届展览的英文名称仍然是国际壁毯艺术展览（International Tapestry Art Exhibition），到第三届才改为纤维艺术（Fiber Art），这无疑说明壁毯在发展中的不断拓展，也体现展览的开放和包容性。在连续举办的展览中，虽然不乏形式各异的作品，但平织毯仍占据了展览的核心，这些创作者大多传承了基维的学术思想。

中国院校的纤维艺术专业教学与课程设置，延用基维最初传授的戈贝兰壁毯编织作为基础。这种绘画性的编织不仅挖掘学生的美术功底，并且适合广泛的社会应用。虽然存在技术的高度和难度，但由于具有深厚的文化底蕴，符合人们的欣赏习惯，易于被社会及公众所接受，并且能带来情感共鸣和审美愉悦。可见，如果当代纤维艺术从壁毯的角度进行阐释、延伸与拓展，也不会让人觉得难于理解和神秘莫测。

其次，基维壁毯的纪念性影响了中国纤维艺术的大众化。

壁毯技艺源自民间，它体味着人间冷暖、解析着艺术与生活。由于材料所具有的生动视觉与触觉感，营造出美好的意境，拉近了作品与人的距离，彰显了壁毯的普世与公众性。

基维壁毯诞生于苏联时代，具有现实主义绘画特征和社会主义价值取向。尤其在20世纪70年代风格确立之后，其创作被苏联艺术界称为纪念碑式的壁毯艺术。这些作品大多以全景画的方式表现"劳动、友爱、团结、和平"等主题，宣传社会主义价值观并且符合公众的审美趋向。苏联社会主义决定了基维纪念碑式的壁毯艺术内容，这些作品以人类发展的视角评估现实，从国家利益出发，作为意识形态工具替代华丽的辞藻，起到传播思想和教育的目的。基维虽然是格鲁吉亚著名的壁毯艺术家，但也有与中国山东即墨地毯厂员工一起创作的经历，体现人类和平愿景的大型壁毯《和平》便出自于基维与地毯厂员工之手。参与编织的每一个人不分性别、年龄、经历，都平等地加入其中，令壁毯跨越国家、民族和地域的限制，成为诠释人类共同理想的载体。

受基维壁毯普世性观念的影响，在创作主体的甄选与培养上，中国纤维艺术创作与教育也体现出最大程度的艺术平等权。

早在20世纪90年代，为了解决扶贫和就业等社会问题，基维的学生林乐成组织喀喇沁左翼蒙古族自治县妇女开始系统学习壁毯编织，随后成立了喀左戈贝兰壁毯厂。从青年到壮年，她们如今大多已从业三十余年，编织创作了许多应用于建筑空间的大型壁毯，在中国广大地区乃至世界都留下了珍贵手迹。无疑，这些织工已经成为国际公认的戈贝兰壁毯创作者。在数字媒体迅猛发展的今天，她们凭借本真而淳朴的手工艺将壁毯的艺术美进行广泛传播。

西安美术学院特殊教育艺术学院自2003年成立至今，已成为中国残疾人联合会艺术教育的典型，而其中的壁毯教育最具特色。许多聋哑学生亲手编织的壁毯作品在国内外展览赛事中屡次参展并获奖，他们传承了基维一贯倡导的"设计与编织同出于一人之手"的创作原则，不仅发扬了艺术中的手作之美，并且秉承了当今时代倡导的艺术创作精神。

对公众来说，对纤维艺术的喜爱不分年龄、职业，清华大学美术学院纤维艺术工作室每年都面向中小学生推出"小学生、大课堂"的纤维艺术制作课程，从七八岁到十几岁的小艺术家们以编织、缠绕、粘贴等各种技法进行创作尝试，并对此表现出极大的兴趣。而面向行业与社会的纤维艺术高研班，通过让企业家、工艺师乃至社会人员学习壁毯编织，极大地提升了他们的艺术素质和审美修养，以此激发了他们的创新观念。

面对社会公众对纤维艺术表现的热度，在"从洛桑到北京"国际纤维艺术双年展的研讨会上，艺术理论家、评论家一致认为："让大众参与到纤维艺术创作是这门艺术发展的重要途径。如果仅看作是高雅的艺术珍品，会令很多人难以接近，但视其为生活中的装饰与实用艺术品，它便属于大众。"因此，第七届纤维艺术双年展定位于"超越与回归"，其中"超越"指不断创造、超越传统，"回归"则指回到当下现实生活。

最后，基维启示了艺术创作中对本民族文化的珍视。

在从事壁毯创作之初，基维就已将格鲁吉亚的自然、社会、时代、习俗等作为表现主题。这些现实题材的壁毯创作，在四十多年的编织生涯中未曾改变，其不仅承载了浓郁的地域文化特征，并且在技艺中同样不失深沉的民族风范，具有鲜明的社会立场与文化特征。受其影响，格鲁吉亚和高加索地区的国家中涌现出一批以表现地域文化、展现民族精神的壁毯艺术家，在中国也出现了致力于传统文化题材探索的纤维艺术创作者。无疑，基维作品中饱含的爱国主义情怀和对民族文化的珍视，让他们认识到艺术家应具有的精神与责任。

徐婉茹是20世纪90年代后到第比利斯国立美术学院染织系留学的中国学生，她向基维学习了四年的戈贝兰壁毯，深受其创作观的影响。"从西方戈贝兰视角审视中国文化"，美国艺术理论家布瑞塔曾评价她的作品，用独特的编织语言解析并转译了中国古典绘画，从而实现对中国传统艺术的再创造和戈贝兰编织的再拓展。清华大学美术学院张宝华教授是基维1990年在中央工艺美术学院授课的学生，他的首件壁毯是以中国传统敦煌壁画——飞天为元素进行设计。时至今日，基维的创作观仍然深深地影响着他。作为染织艺术家，他始终从事中国传统图案的设计与研究，经过不断思考、探寻，开辟了属于自己的独特风格，他的丝巾设计被誉为中国的"爱马仕"。受基维创作观的影响，以林乐成为代表的纤维艺术家一直致力于壁毯艺术的推陈出新。用西方戈贝兰工艺来解读中国传统文化，从而展现气势磅礴的山石叠嶂、高山流水或古雅隽永的水墨意境，以此诠释充满东方神韵的华夏文明。这些颇具中国意境的壁毯，成为建筑空间中不可缺少的装饰，无论是传统的还是当代的建筑，都能与之契合，以此证明壁毯中蕴藏的文化价值和源远流长的民族精神。

可见，在追求个性与时尚的今天，能够传承并挖掘中国传统文化艺术显得尤为珍贵。如何从博大精深的传统文化中寻找自身的定位，吸取文化精髓，构筑本土文化的艺术语言体系，成为艺术发展的关键。

3.基维"工匠精神"与时代的共鸣

随着当今社会与市场中出现的粗糙与低劣的"快餐式"文化，"工匠精神"再度被提及。其旨在以严谨务实的态度、淳朴精湛的手工艺，回归事物原有的本体文化，在倡导审美的同时，实现对人文情怀和思想精神的关照。正如2016年政府工作报告中提到的"培育精益求精的工匠精神"，此思想一经提出，就在全社会得到响应，人们从历史、文化、艺术等多个角度挖掘其内涵，并且进行了学理方面的阐释。

壁毯艺术的发展历史告诉我们，无论是工艺美术运动先驱威廉·莫里斯（William Morris），还是现代壁毯艺术之父让·吕尔萨，抑或是诸多的现当代壁毯艺术家，他们虽然选择壁毯编织作为艺术的表现方式，但大多仅为壁毯设计者，工艺的实施最终由织工完成。虽然这些艺术家在挽救古典工艺中曾做出巨大贡献，并创作了丰富多彩的壁毯设计，但难免造成由于机械编织导致技艺与情感分离的现状，以致最终达不到艺术家的创作要求。而基维则成为世界上为数不多亲自编织的壁毯艺术家之一。他以严谨、认真、务实的工匠态度不断传承、创造戈贝兰壁毯艺术，并将"大我"的人文情怀融入其中。

基维一生孜孜不倦践行着"左手画家、右手工匠"的理念，以至诚至善的态度，成就两百多件传世杰作。每一件作品都是技与艺的统一，精益求精且难以效仿。他的壁毯不仅是苏联装饰艺术的主要门类，而且成为格鲁吉亚民族艺术的典型代表，并且在更广的层面上丰富了现当代艺术的表现语言，提升了工艺美术的审美与地位。

无疑，基维以教育方式推动了本国壁毯艺术的发展，并促使中国纤维艺术在国际领域异军突起。他一方面开辟了格鲁吉亚壁毯艺术的新时代，成就了苏联工艺美术的辉煌；另一方面将创作理念带到中国，通过壁毯艺术传播，引发中国纤维艺术的崛起与发展，并让中国艺术家认识到手工艺在当今信息、科技、媒体中的重要性。基维身上臻于极致、兢兢业业、锲而不舍的艺术家的职业操守，正符合当下中国所倡导的"工匠精神"。

今天对基维壁毯艺术的研究，不仅有助于掌握不同时代、民族、地域的壁毯艺术特征，并且有助于探究中国壁毯与纤维艺术发展之源，对把握这门艺术的发展趋向与更好地实践应用能起到重要的指导作用。在中国大力推行"一带一路"倡议的今天，中国艺术界也在全面推进对丝绸之路沿线国家的艺术考察和研究。格鲁吉亚作为丝绸之路的必经之地，其源远流长的历史长河中不仅涌动着悠久的丝绸文化历史，并且拥有当下流行的纺织艺术，基维的壁毯便作为其中典型，进一步实现了对欧洲壁毯艺术的传承和在东方艺术文明中的推广。这位世界壁毯艺术大师，将承载不同文化的戈贝兰壁毯同样视为一条独特而崭新的新丝路。

参考文献

［1］BARTY PHILLIPS. Tapestry［M］. London: Phaidon Press Limited, 2000.

［2］TOM HOWELLS. Tapestry:A Woven Narrative［M］. London: Black Dog, 2011.

［3］STRIZHENOVA T K. Givi Kandareli tapestry［M］. Moscow: Soviet Artist, 1981.

［4］SPURNY JAN. Modern Textile Designer Antonin Kybal［M］. Czech: Artist, 1960.

［5］OTAR EGADZE. Frescoes Album［M］. Tbilisi: khelovneba publish house, 1980.

［6］MICHEL THOMAS. Textile Art［M］. USA: Rizzoli International Publication, 1985.

［7］NINO BRAILASHVILI. Ethnography of Georgia［M］. Tbilisi: Khelovneba Publishers, 1990.

［8］JOAN SCHULZE. From Lausanne to Beijing［J］. Surface Design Journal(Fall), 2001, 1: 30-35.

［9］LELA OCHIAUR. High art of Gobelin tapestry［M］. Moscow: Soviet Artist Press, 1931：60-65.

［10］NOOTER ROBERT H. Flat-woven Rugs and Textiles From the Caucasus［M］. USA: Atglen Schiffer, 2004.

［11］INGA KARAYA, GIA BUGHADZE. New Word in the History of Art［M］. Tbilisi: Georgian Artist Union, 2004.

［12］REATHNA. A Twentieth Century Gobelins Tapestry［J］. Bulletin of the Pennsylvania Museum, 1924, 20(90): 48-55.

［13］EVANS JANE A.A Joy Forever: Latvian Weaving Traditional and Modified Uses ［M］. Riga: Fiber Arts Publish, 1991.

［14］TAMAZ SANIKIDZE. Givi Kandareli's Solo Exhibition［J］. Nodar Gurabanidzert. Georgia: Motherland Press, 1998, 12：61.

［15］LATIF KERIMOV, NONNA STEPANIAN, TATYANA GRIGOLIYA, et al. Rugs and Carpets from Caucasus［M］. Leningrad: Aurora Art Publisher, 1984.

［16］NINA CHICHINADZE. Some Compositional Characteristics of Georgian Triptychs of the Thirteenth through Fifteenth Centuries [J] . Gesta. USA: The University of Chicago, 1996, 35(1): 66-76.

[17] STRIZHENOVA T K. International Tapestry Symposium [C] .//Soviet decorative art selection(1973-1974). Moscow: Soviet Artist Press, 1975: 234-235.

[18] EDITH A, STANDEN. For Minister or for King: Two Seventeenth-Century Gobelins Tapestries after Charles Le Brun [J] . Metropolitan Museum Journal. USA: The University of Chicago, 1999, 34(1): 125-134.

[19] SHURINOVA R. Coptic Textiles: Collection of Coptic Textiles State Pushkin Museum of Fine Arts [M] . Moscow: Aurora Art Publish, 1969.

[20] BRITTA ERICKSON. Contextualizing the Exhibition Changing Landscapes: Contemporary Chinese Fiber Art [C] .//Changing Landscapes Contemporary Chinese Fiber Art. USA: San Jose Museum of Quilts & Textiles, 2008: 12-13.

[21] GISELLE EBERHARD COTTON, MAGALI JUNET. Lausanne, International Centre of Tapestry [M] . Lausanne: Skira Fondation Toms Pauli, 2017: 27-37.

[22] LADY ST JOHN. The Gobelin Factory and Some of Its Work [J] . The Burlington Magazine for Connoisseurs, USA: Burlington Magazine Publications Ltd. 1907, 2: 278-281.

[23] SAVITSKAYA I V. Tapestry in the system of plastic arts of the Twenty Century [M]. Moscow: Izobrazitelno iskusstvo, 1988.

[24] IRINA KOSHORIDZE. Georgia rug [M] . EMMA LOOSLEY [translation] , Georgia: Georgian State Museum of Folk and Applied Arts, 2016.

[25] MAKAROV K A. Soviet Decorative Art [G] . //Sovetski khudozhnik. Academy of arts of the USSR. Moscow: Soviet artist, 1974: 303-313.

[26] MARIAM DIDEBULIDZE, DIMITRI TUMANISHVILI. Ancient Georgian Art [M] . Georgia: Georgian National Museum, 2008.

[27] CHARISSA BREMER-DAVID. Woven Gold-tapestries of Louis XIV [M] . Los Angeles: The J. Paul Getty Museum, 2015.

[28] ALEXANDER KAMENSKY. Masters of world Painting: Niko Pirosmani [M] . Moscow: Leningrad: Aurora Art Publishers, 1985.

[29] VEIMARN B V. The history art of the USSR [G] .//Singer L S. Peoples Art of the USSR (1960-1977) Moscow: Leningrad Aurora Art Publishers, 1984: 306-308.

［30］KUZNETSOV E, BESSMERTNAYA E. Pirosmani Selected Works［M］. Moscow: Sovetsky Khudozhnik Publish, 1986.

［31］VAKHTANG DAVITAIA. Feast of colors［M］.Nodar Gurabanidze Georgia Art Georgia:Mother land Press, 1998(11): 67.

［32］SAVITSKAYAI V. Modern Soviet Tapestry Introduction［M］. Moscow: Soviet Artist Publishing house, 1979: 206.

［33］TATYANA GRIGOLIYA. Georgian Pardaghi Carpets［M］. Rugs & Carpets From the Caucasus. Leningrad: Aurora Art Publishers, 1984: 130.

［34］JANIS JEFFERIES. Introduction［M］. Lausanne: Skira Toms Pauli foundation, 2017: 20.

［35］袁运甫.壁挂艺术［J］.装饰，1983（6）：49-51.

［36］梁任生.壁挂艺术［N］.人民日报，1988（8）.

［37］袁运甫.有容乃大［M］.广州：岭南美术出版社，2001.

［38］林乐成.纤维艺术［M］.长春：吉林美术出版社，1996.

［39］张敢.亟待耕耘的沃土［J］.美术观察，2017（9）：13-14.

［40］王红媛.超现实主义［M］.北京：人民美术出版社，2000.

［41］吕品田.必要的张力［M］.重庆：重庆大学出版社，2007.

［42］吕品田.现代构形艺术［M］.南昌：江西美术出版社，1997.

［43］晨鹏.20世纪俄苏美术［M］.北京：文化艺术出版社，1997.

［44］施慧.现代壁挂设计［M］.杭州：浙江人民美术出版社，1996.

［45］黄丽娟.当代纤维艺术探索［M］.台北：艺术家出版社，1997.

［46］詹妮弗·哈里斯.纺织史［M］.广东：汕头大学出版社，2011.

［47］陈瑞林.20世纪装饰艺术［M］.山东：山东美术出版社，2001.

［48］林乐成.纤维艺术应用之美［J］.创意设计源，2015（6）：32-34.

［49］林乐成，王凯.纤维艺术［M］.上海：上海画报出版社，2006.

［50］张夫也.外国工艺美术史［M］.2版.北京：高等教育出版社，2015.

［51］苏畅.列国志：格鲁吉亚［M］.北京：社会科学文献出版社，2005.

［52］张怡庄，兰素明.纤维艺术史［M］.北京：清华大学出版社，2006.

［53］林乐成.纤维壁挂：视觉美与触觉美的装饰艺术［N］.光明日报，1988.

［54］肖峰，蔡亮.万曼与中国现代壁挂艺术［J］.美术研究，1989（3）：25-27.

［55］林乐成.伟大的民族辉煌的艺术：访问格鲁吉亚［J］.装饰，1994（3）：

38–39.

[56] 唐小禾.2012天工大同·国际壁画双年展［G］.江西：江西美术出版社，
2013.

[57] 奚静之.远方的白桦林：俄罗斯美术散论［M］.广西：广西美术出版社，
2002.

[58] 张晨.永恒的艺术精神：基维·堪达雷里的壁挂艺术［N］.人民日报，2005
（5）：8.

[59] 世纪美术作品选集编委会.苏联现代绘画选［M］.辽宁：辽宁美术出版社，
1986.

[60] 罗鸿.回到壁挂：基维·堪达雷里的"戈贝兰"艺术［J］.装饰，2011（8）：
84–85.

[61] 邱春林.工艺美术理论与批评（丙申卷）［M］.北京：文化艺术出版社，2016.

[62] 世纪美术作品选集编委会.苏联现代绘画选［M］.辽宁：辽宁美术出版社，
1986.

[63] 李砚祖.编织写出的视觉新形式——现代纤维艺术论［J］.文艺研究，1993
（3）：126–140.

[64] 曾辉.作坊·工匠·课堂——林乐成编织壁挂艺术经纬观［J］.设计艺术，
1992（2）：16.

[65] 袁运甫.我的壁毯艺术设计［M］.广州：岭南美术出版社，2001：381.

[66] 维·谢·马宁.50年代末：70年代初期苏联美术的类型［M］.莫斯科：苏联
美术家出版社，1980：50.

[67] 张晓凌.文化互动时代的艺术［G］.//林乐成，张怡庄.国际现代纤维艺术：从
洛桑到北京：2000国际纤维艺术展作品集.北京：中国城市出版社，2000，1
（1）：98.

[68] 杭间.继续：从洛桑到北京途中［G］.//林乐成，张怡庄.国际现代纤维艺术：
从洛桑到北京：2000国际纤维艺术展作品集.北京：中国城市出版社，2000，
1（1）：99.

[69] 林乐成.互动与超越"从洛桑到北京"：2002年国际纤维艺术双年展［J］.美
术观察，2003（1）：20.

[70] 吴敬.隐喻在经纬之中的祖国梦：浅析基维·堪达雷里的现实题材作品［J］.
艺术工作，2019（3）：99–101.

［71］ 萨罗美·兹斯卡里施维里.基维·堪达雷里的艺术［M］.北京：雅昌，2004：5.

［72］ 林乐成，吴敬.情感的编织、精神的力量：基维·堪达雷里的《彼罗斯曼尼之梦》［J］.艺术工作，2018（2）：126-128.

［73］ 林乐成.Gobelen之花在中国开放：记基维·堪达雷里先生来我院染织系的讲学活动［N］.中央工艺美术学院学报，1990（6）.

［74］ 从洛桑到北京2000国际纤维艺术参展艺术家.“从洛桑到北京：2000年国际纤维艺术展”北京宣言［J］.装饰，2000（12）：4.

［75］ 吕品田，刘巨德，李当岐，等.参与其中、乐在其中：一场关于纤维艺术的对话［J］.中国美术，2015（5）：70-79.

［76］ 苏联美术学院美术理论与美术史研究所，苏联科学院艺术史研究所.苏联艺术理论四十年［C］.北京：人民美术出版社，1959.

［77］ 林乐成，尼跃红.科技进步与纤维艺术的发展2010年“从洛桑到北京”国际纤维艺术学术研讨会论文集［C］.北京：中国建筑工业出版社，2010.

［78］ “从洛桑到北京”第三届国际纤维艺术双年展（上海展年）组织委员会.当代国际纤维艺术：“从洛桑到北京”第三届国际纤维艺术双年展（上海展年）作品选［G］.北京：建筑工业出版社，2004：227-233.

［79］ 徐雯，凌鹤.经天纬地：2018年“从洛桑到北京”国际纤维艺术论文集［C］.北京：中国建筑工业出版社，2018.

［80］ 林乐成，尼跃红.新视野：“从洛桑到北京”第六届国际纤维艺术双年展作品选［G］.北京：建筑工业出版社，2010.

［81］ 吕品田.高扬美好致“从洛桑到北京：2000国际纤维艺术展”［C］.//林乐成，张怡庄.国际现代纤维艺术：从洛桑到北京：2000国际纤维艺术展作品集.北京：中国城市出版社，北京工艺美术出版社，2000，1（1）：97.

［82］ 中国美术家协会.首届中国北京国际美术双年展作品集［G］.北京：人民美术出版社，2003.

［83］ 中华人民共和国文化部，中国文学艺术界联合会，中国美术家协会.庆祝中华人民共和国成立六十周年第十一届全国美术作品展览壁画作品集［G］.北京：人民美术出版社，2009.

［84］ 中华人民共和国文化部，中国文学艺术界联合会，中国美术家协会.庆祝中华人民共和国成立六十周年第十二届全国美术作品展览壁画作品集［G］.北京：人民美术出版社，2015.

［85］ JEAN LURCAT, Tapisserie francaise ［M］. Pairs: Bordas, 1947.

［86］ GRAZIELLA GUIDOTTI. Fiber art cinese a prato ［J］. Tessere Amano, 2018（2）: 18-21.

［87］ GÉRARD DENIZEAU. JeanLurçat: le chant du monde ［M］. Angers: Somogy Art Publishers, 2015.

［88］ Составитель М Л Терехович. Монументальное искусство ［M］. Советский художник Москва, 1984.

［89］ Редактор В Н Панкратова. Современный советский гобелен ［M］. Советский художник Москва, 1979.

［90］ HERVÉ LEMOINE. Au Fil du siècle L' album de l' expositon Chefs-d' oeuvre de la tapisserie 1918- 2018 ［M］. Silvana Editoriale, 2018.

［91］ Е Короткина. Понятие: монументальное в истории культуры и эстетических теориях ［M］. Советское монументальное искусство, Издательство Советский художник, 1984.

［92］ CLAUDE FAUX.Tapisseries Cosmiques et Religieuses ［M］. Angers: musée Jean Lurcat et de la tapisserie contemporaine, 1992:27.

附录一 基维·堪达雷里生平及作品

基维生平/

1933年	出生于格鲁吉亚卡赫季州萨加雷卓镇
1940~1950年	萨加雷卓第一中学（十年制）
1950~1956年	第比利斯国立美术学院，美术系陶瓷专业，本科
1956年	格鲁吉亚加盟共和国装饰艺术家、画家
1957~1960年	第比利斯国立美术学院，美术系陶瓷专业，研究生
1959年	第比利斯国立美术学院水彩教师
1960年	第比利斯国立美术学院绘画系陶瓷专业教师
1960年	与华人刘光文结婚
1961年	女儿诺娜·堪达雷里（Nona Kandareli）出生
1962年	儿子伊拉克利·堪达雷里（Erali Kandareli）出生
1965~1966年	捷克布拉格美术学院染织系，安多宁·基巴尔的访问学者
1966年	第比利斯国立美术学院，装饰艺术院，染织系教师
1973年	格鲁吉亚工业大学，建筑设计院，水彩教师
1975年	苏联美术家协会工艺美术评委会，委员；格鲁吉亚加盟共和国美术家协会工艺美术分会，主席
1978年	苏联美术家协会常务理事，艺术评委会委员
1980年	苏联授予"格鲁吉亚共和国功勋艺术活动家"称号；格鲁吉亚高级主席团授予"格鲁吉亚加盟共和国功勋画家"称号
1983年	荣获苏联国家奖（原斯大林奖）
1986年	第比利斯国立美术学院，装饰艺术院副院长、染织系主任
1987年	第比利斯国立美术学院教授
1990年	中央工艺美术学院（现清华大学美术学院）外聘教师

1991年	山东即墨地毯总厂指导专家
1995年	第比利斯国立艺术文化大学，染织艺术民间工艺工作室导师
1996年	山东省丝绸工业学校（现山东轻工职业学院），客座教授
1998年	格鲁吉亚教育科学院院士
2000年	中国纤维艺术专业委员会名誉顾问，"从洛桑到北京"国际纤维艺术双年展顾问、评委
2001年	中国首届"艺术与科学"国际作品展评委
2002年	黑龙江大学艺术学院，客座教授
2006年	于格鲁吉亚逝世
2006年	中国工艺美术学会授予其终生成就奖

主要个人作品展、参展及获奖/

1960年	水彩、陶瓷作品参加格鲁吉亚青年艺术家展，第比利斯
1961年	水彩、陶瓷作品参加苏维埃格鲁吉亚展，第比利斯
1963年	水彩作品参加格鲁吉亚当代艺术展，维尔纽斯（立陶宛）
1967年	1.水彩作品参加格鲁吉亚当代水彩艺术展 2.水彩作品参加"苏联建国50周年"，莫斯科、第比利斯
1968年	1.《卡赫季州》参加苏联装饰艺术展 2.壁毯参加格鲁吉亚装饰和工艺美术展，库页岛
1969年	《十月旗帜》参加苏联装饰艺术展——纪念列宁诞辰100周年，格鲁吉亚装饰艺术展——纪念列宁诞辰100周年
1971年	1.《十月旗帜》参加第二届国际壁毯艺术展，拉脱维亚 2.戈贝兰壁毯参加格鲁吉亚苏维埃政权50周年艺术展，第比利斯 3.水彩作品参加格鲁吉亚水彩展，第比利斯 4.戈贝兰壁毯参加格鲁吉亚艺术展，塔林
1972年	1.壁毯作品参加"苏联是我的祖国"展览 2.壁毯作品参加格鲁吉亚艺术展
1973年	水彩作品参加格鲁吉亚造型艺术展，列宁格勒（现圣彼得堡）、新西伯利市
1974年	1.壁毯作品参加第二届国际壁毯艺术展，里加（拉脱维亚）

2. 壁毯作品参加格鲁吉亚造型艺术展，斯韦德罗夫斯基（俄罗斯）、维尔纽斯（立陶宛）、巴涅维日歇（立陶宛）

3.《第比利斯小夜曲》参加国际壁毯艺术研讨会，金达利（拉脱维亚）

4.《阿尔万尼农场女工》参加格鲁吉亚"劳动万岁"展览，第比利斯

1975年　《阿尔万尼农场女工》被苏联美术科学院授予"格鲁吉亚美术家协会年度最佳作品奖"

1975年　1.《致谢》参加苏联卫国战争胜利30周年展，莫斯科、第比利斯

2. 壁毯作品参加格鲁吉亚"劳动万岁"展览，第比利斯

3. 戈贝兰壁毯参加第二届罗兹纺织三年展，波兰

1977年　1.《我们每天的面包》参加画展"列宁之路"，莫斯科

2.《四季》之一、《我们每天的面包》荣获格鲁吉亚美术家协会最佳作品奖

3. 壁毯作品参加格鲁吉亚艺术展，第比利斯

4. 基维·堪达雷里个人作品展（水彩、戈贝兰壁毯），萨尔布吕肯（德国）

1978年　1. 壁毯作品参加社会主义国家工艺美术展，德国

2.《四季》之一参加第三届罗兹纺织三年展，波兰

1980年　1. 基维·堪达雷里个人作品展（水彩、戈贝兰壁毯），第比利斯

2. 作品参加"艺术春日"格鲁吉亚荣誉艺术家作品展，第比利斯

1981年　基维·堪达雷里个人作品展（水彩、戈贝兰壁毯），莫斯科

1982年　1.《彼罗斯曼尼之梦》参加第十届洛桑国际壁毯双年展，洛桑（瑞士）

2. 基维·堪达雷里个人作品展（水彩、戈贝兰壁毯），南特（法国）

1983年　基维·堪达雷里个人作品展（水彩、戈贝兰壁毯），毕尔巴鄂（西班牙）

1988年　基维·堪达雷里个人作品展（水彩、戈贝兰壁毯），芝加哥（美国）

1993年　戈贝兰壁毯参加意大利三人展，西西里（意大利）

1996年　《亚当夏娃》参加格鲁吉亚国际现代艺术节现代艺术展，并获优秀奖

1999年	庆祝65岁生日暨从艺40周年回顾展，第比利斯
2000年	《音乐会之后》《窗》《亚当夏娃》参加2000年首届"从洛桑到北京"国际纤维艺术双年展，北京
2001年	《音乐会之后》《晚秋》参加清华大学90周年艺术与科技展，北京
2002年	《风》《镜》参加第二届"从洛桑到北京"国际纤维艺术双年展，北京
2003年	基维·堪达雷里个人作品展（水彩、戈贝兰壁毯），第比利斯（格鲁吉亚）
2004年	《春天的合唱》参加第三届"从洛桑到北京"国际纤维艺术双年展，上海
2006年	《四季》之三参加第四届"从洛桑到北京"国际纤维艺术双年展，苏州

主要壁毯作品收藏/

《阿尔万尼农场女工》《我们每天的面包》《团结就是力量》被当时的苏联文化部收藏；

《彼罗斯曼尼之梦》被格鲁吉亚彼罗斯曼尼博物馆收藏；

《期望》被格鲁吉亚戈贝兰博物馆收藏；

《第比利斯黎明》被中国北京艺苑收藏；

《和平》《我在桂林》被中国山东即墨地毯厂收藏；

《黑夜与白昼》被以色列私人收藏；

《土地的依恋》被意大利西西里私人收藏；

《山中秋日》被加拿大华人收藏；

《芭蕾的诱惑》被中国香港私人收藏；

《秋林》被中国艺术家邓林收藏；

《晚秋》《老教堂之秋》《甲天下》《湛山寺印象》《奔向自由》《隐匿在山中的教堂》分别被中国艺术家收藏。

附录二　基维·堪达雷里主要壁毯图录（1965～2006年）

《牧羊人》，1965年
戈贝兰技法
羊毛
80cm×60cm
捷克斯洛伐克创作的第一件壁毯

《手风琴手》，1966年
戈贝兰技法
羊毛
45cm×59cm
格鲁吉亚创作的第一件壁毯

《山中的节日》，1966年
戈贝兰技法
羊毛
200cm×300cm
1981年莫斯科个人作品展的海报封面

《阿拉维尔多巴》，1967年
戈贝兰技法
羊毛
170cm×100cm
第比利斯某茶室陈设

《歌》，1967年

戈贝兰技法

羊毛

100cm×130cm

莫斯科文化部委托创作

《舞蹈》，1967年

综合技法

羊毛

180cm×100cm

《森林》，1968年

综合技法

羊毛

180cm×320cm

格鲁吉亚西部温泉度假村疗养院陈设

《遇见》，1968年
戈贝兰技法
羊毛
200cm×140cm

《卡赫季州》，1968年
戈贝兰、帕尔达吉技法
羊毛
140cm×100cm
苏联装饰艺术展——纪念列宁诞
辰100周年参展作品

《幻想》，1968年
综合技法
羊毛
140cm×100cm

《爱》，1968年
戈贝兰技法
羊毛
180cm×100cm
乔治·图什玛丽什维里
（G.Tushmalishvili）个人收藏

《山中牧羊人》，1969年
戈贝兰技法
羊毛
200cm×300cm

《和平鸽》，1969年
戈贝兰技法
羊毛
180cm×130cm

《十月旗帜》，1969年
戈贝兰技法
羊毛
200cm×200cm
第二届拉脱维亚国际壁毯艺术展
苏联装饰艺术展——纪念列宁诞辰100周年
参展作品

《牛》，1971年
戈贝兰技法
羊毛
180cm×200cm

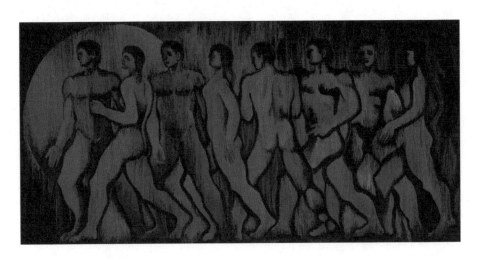

《向着太阳》，1970年
戈贝兰技法
羊毛
200cm×320cm

《山地遇》，1971年
戈贝兰技法

《家》，1972年
戈贝兰技法
羊毛
200cm×330cm

《去打水》，1973年
戈贝兰技法
羊毛
200cm×300cm
第三届拉脱维亚国际壁毯艺术展参展作品

《第比利斯小夜曲》之一，1974年
戈贝兰技法
羊毛
140cm×140cm

《第比利斯小夜曲》之二，1974年
戈贝兰技法
羊毛
150cm×130cm
第二届拉脱维亚国际壁毯艺术展暨研讨会
的创作作品

《感谢》，1975年
戈贝兰技法
羊毛
180cm×120cm

《团结就是力量》，1978年
戈贝兰技法
羊毛
苏联文化部收藏，刊登于苏联画报《旗帜》首页

《阿尔万尼农场女工》，1975年
戈贝兰技法
羊毛
200cm×310cm
苏联美术科学院授予"格鲁吉亚美术家协会年度最佳作品奖"

《构成》，1974年
戈贝兰技法
羊毛
64cm×70cm

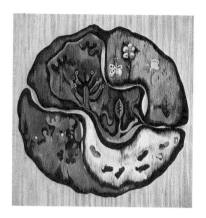

《四季》之一，1976年
戈贝兰技法
羊毛
220cm×220cm

《四季》之二，1977年
戈贝兰技法
羊毛
200cm×280cm

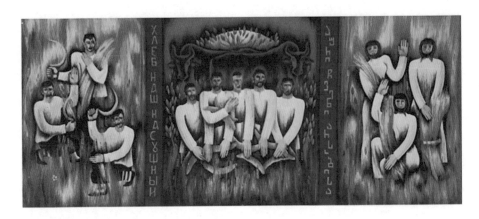

《我们每天的面包》，1977年

戈贝兰技法

羊毛

280cm×610cm

苏联画展"列宁之路"参展作品，格鲁吉亚美术家协会最佳作品

《彼罗斯曼尼之梦》，1977～1979年

戈贝兰技法

羊毛

400cm×600cm

荣获苏联国家奖，第十届洛桑国际壁毯双年展参展作品，1981年格鲁吉亚彼罗斯曼尼博物馆收藏

《耕者》，1978年
戈贝兰技法
羊毛
220cm×190cm

《彼罗斯曼尼和古迪阿什施维里》，1985年
戈贝兰技法

《惨案》，1988年
戈贝兰、综合技法
羊毛、棉线
140cm×70cm
格鲁吉亚戈贝兰壁毯博物馆
收藏

《山顶教堂》，1989年
戈贝兰技法
羊毛
126cm×99cm
加拿大华人收藏

《饮白马》，1990年
戈贝兰技法

《牧民》，1982年
戈贝兰技法
羊毛

《土地的依恋》，1991年
戈贝兰技法
羊毛
38cm×60cm
意大利西西里个人收藏

《第比利斯的黎明》，1990
年
戈贝兰技法
羊毛
90cm×70cm
创作于中央工艺美术学院，
中国北京艺苑收藏

《指路》，1990年
戈贝兰技法
羊毛

《湛山寺印象》，1991年
戈贝兰、帕尔达吉技法
羊毛
60cm×50cm

《我在桂林》，1991年
戈贝兰技法
羊毛
70cm×40cm
创作于山东，山东即墨地毯厂收藏

《和平和平》，1991年
戈贝兰技法
羊毛
220cm×140cm

《游子的忏悔》，1991年
戈贝兰技法
羊毛
60cm×150cm

《保卫祖国》，1992年
戈贝兰技法
羊毛
90cm×130cm
意大利西西里个人收藏

《希望树》，1993年
戈贝兰技法
羊毛
90cm×80cm

《阴阳》，1993年
戈贝兰技法
羊毛
80cm×80cm

《悼念》，1993年
戈贝兰技法
羊毛
136cm×65cm
格鲁吉亚个人收藏

《日出》，1994年
戈贝兰技法
羊毛
50cm×40cm

《黑夜与白昼》，1994年
戈贝兰技法
羊毛
120cm×120cm
以色列个人收藏

《瀑布》，1994年

戈贝兰技法

羊毛

70cm×80cm

澳大利亚个人收藏

《萨加雷卓的秋天》，1994年

戈贝兰技法

羊毛

64cm×50cm

《亚当夏娃》，1995年

戈贝兰技法

羊毛

112cm×70cm

格鲁吉亚现代艺术展优秀奖作品，

首届"从洛桑到北京"国际纤维艺术

双年展参展作品

《寒冬》，1995年
戈贝兰、帕尔达吉技法
羊毛
73cm×61cm

《晚霞》，1995年
戈贝兰技法
羊毛
60cm×55cm

《圣尼诺教堂》，1996年
戈贝兰技法
羊毛
75cm×55cm

《晚秋》，1996年
戈贝兰技法
羊毛
100cm×80cm
创作于中央工艺美术学院，中国艺术家个人收藏

《秋林》，1996年
戈贝兰、帕尔达吉技法
羊毛
66cm×80cm
中国画家邓林收藏

《月球草》，1996年
戈贝兰技法
羊毛、棉线、化纤
92cm×60cm

《最后的约见》，1997年
戈贝兰技法
羊毛
82cm×72cm

《秋日阳光》，1997年
戈贝兰技法
羊毛
80cm×65cm

《芭蕾的诱惑》，1997年
戈贝兰技法
中国香港私人收藏

《音乐会之后》，1998年
戈贝兰技法
羊毛
100cm×135cm
2000年首届"从洛桑到北京"国际纤维艺术双年展参展作品

《闪耀的欲与色》又名《瀑》，1998年
戈贝兰技法
羊毛
60cm×40cm

《窗》，1998年
综合技法
羊毛、棉线、化纤
90cm×88cm
2000年首届"从洛桑到北京"国际纤维艺术双年展参展
作品

《老教堂之秋》，1999年
戈贝兰技法
羊毛
5cm×42cm
中国艺术家个人收藏

《春天的合唱》，1999年
戈贝兰技法
羊毛
110cm×130cm
2004年第三届"从洛桑到北京"国际纤维艺术双年展参展作品

《萨迦雷卓的秋天》，1999年
戈贝兰技法
羊毛
100cm×100cm
2001年中国首届艺术与科学国际作品展参展作品

《甲天下》，1999年
戈贝兰、帕尔达吉技法
羊毛、化纤
105cm×95cm
中国艺术家个人收藏

《卡赫季印象》，1999年
戈贝兰技法
羊毛
64cm×90cm

《秋叶》，2000年
戈贝兰技法
羊毛
26cm×15cm
创作于山东省丝绸工业学校
并被收藏

《叶之夜语》，2000年
戈贝兰技法
羊毛
60cm×44cm

《风》，2003年
戈贝兰技法
羊毛
98cm×125cm
格鲁吉亚戈贝兰壁毯博物馆收藏

《丁香花》，2000年
戈贝兰技法
羊毛
99cm×106cm

《镜》，2001年
戈贝兰技法
羊毛
76cm×84cm
2002年第二届"从洛桑到北京"国际纤维艺术双年展参展作品

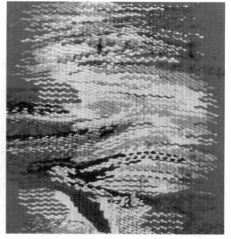

《格鲁吉亚山民》又名《黑夫苏里的恋歌》，
2002年
羊毛
93cm×92cm

《无题》，2004年
戈贝兰技法
羊毛
15cm×10cm
创作于鲁迅美术学院，中国艺术家个人收藏

《期望》，2004年

戈贝兰技法
羊毛
122cm×142cm
格鲁吉亚戈贝兰壁毯博物馆收藏

《四季》之三，2006年

戈贝兰技法
羊毛
100cm×100cm×4
2006年第四届"从洛桑到北京"国际纤维艺术双年展参展
作品

后记

　　基维离世距今已 15 载，20 世纪 80 年代末，他同我一起到中央工艺美术学院讲学时的场景仍历历在目。中央工艺美术学院是我的母校，20 世纪 60 年代我曾在那里学习，之后转到格鲁吉亚第比利斯国立美术学院学习。时隔 20 年，当我再次回到学校时，已发生很大的变化，我上学时的教授不是过逝就是疾病缠身，而我的同班同学大多已经成为母校的教师，各个学院的栋梁或社会艺术界的名人。当时的中央工艺美术学院院长是我学生时代的助教常沙娜先生。纵然岁月流逝，但彼此的情感仍然深厚，对母校的感恩之心更是强烈，这些都促使我和基维想尽微薄之力回报母校，此想法经与常沙娜院长沟通后达成默契。于是，西方的戈贝兰壁毯文脉和编织技艺在中央工艺美术学院如火如荼地开展起来：讲座与实践、构思与工艺、匠心与创造……循序渐进地讲授与学习有序进行。院校师生上下同心协力，我作为基维在中国教学时的志愿者和全职翻译，学校又委派了年轻教师林乐成先生和田青女士作为基维的助教，他们同学生一道学习壁毯编织，并且组织教学和答疑。工作室中灯光日夜不灭，编织拍打毛线的声音不绝于耳……这些都为十年后"从洛桑到北京"国际纤维艺术双年展的召开奠定了根基。洛桑国际壁毯艺术双年展这个曾享誉世界，却于 1996 年停办的国际展览，能否在中国得以延续，引发了艺术家的深思。在历经不到一年的时间筹划后，承载着国际纤维人期盼的"梦"——2000 年国际纤维艺术双年展终得以实现。

　　此展从举办之日起至今已历时十一届，基维的很多中国学生不断在展览中崭露头角，也出现了世界级的"戈贝兰大师"，这其中包括他曾经教过的本书作者，当时还是大学生的吴敬。吴敬的纤维艺术作品在"从洛桑到北京"国际纤维艺术双年展的持续举办中不断走向成熟，现在她已是时常出现在国内外艺术展中的艺术家，而她的博士论文理论研究工作证明她不仅有实践创作能力，还有妙笔生花的才能和勤奋求索的坚韧。品读她的文章体大思精且耐人寻味。目前，得知吴敬已经取得博士学位，她的论文《基维·堪达雷里壁毯艺术研究》荣获清华大学美术学院优秀博士学位论文。她不仅完成了对基维壁毯艺术的研究，并且分析论述了中文文献中不曾提到的格鲁吉亚 20 世纪 50～60 年代的杰出画家及创作，这令格鲁吉亚文艺界、文化界人士都兴趣盎然，翘首以待她的新著出版问世。我再次衷心向吴敬博士致以莫大的谢意，代表我本人，也代表格鲁吉亚文化艺术届向她致敬。感谢林乐成教授介绍吴敬来到基维的家乡，并且选择他熟悉的萨罗美·兹茨卡里施维里作为她在格鲁吉亚学习的导师，于是便有了吴敬几次来格鲁吉亚考察、调研、访谈的难忘经历，并且结交了许多朋友，我在此也代表他们转达问候并致谢。

2020年是非比寻常的一年，突如其来的疫情席卷了整个世界，阻断了艺术界的交流，令艺术家们彼此隔离。在这样的情形下，我和诸多格鲁吉亚艺术家尤为怀念2018年林乐成教授组织、赵萌教授和季雁池大使共同命名的"致敬格鲁吉亚杰出艺术家基维·堪达雷里诞辰85周年——中国纤维艺术格鲁吉亚展"，这是一次规模宏大的展览，更是大规模的中格艺术文化交流活动，该展吸引了众多格鲁吉亚市民的关注，极大地增进了两国人民之间的情感和友谊。

愿中格两国友谊连绵不断、美好永驻！

基维·堪达雷里之妻
第比利斯自由大学教授
"丝绸之路"格中文化主席

ლიუ-ყანდარელი გუანვენი

საქართველოს თავისუფალი უნივერსიტეტის პროფესორი

საქართველოს მხატვართა კავშირის წევრი

ჩინეთის მოქალაქეთა „ხუაციაოს" კავშირის მუდმივი თავმჯდომარე

გივი ყანდარელის მეუღლე

ბოლოსიტყვაობა

უკვე 15 წელიწადმა ჩაიარა მას აქეთ, რაც გივი ყანდარელი ჩვენს შორის აღარაა, იმქვეყნიურ სამყოფელში გადაინაცვლა. ხოლო როდესაც ვიხსენებ იმ ამბებს, XX საუკუნის 80-იან წლებში რომ მქონდა ბედნიერება, მასთან ერთად ლექციები და მასტერკლასები ჩაგვეტარებინა ჩემს ალმა-მატერში, პეკინის სახელმწიფო გამოყენებითი ხელოვნებისა და დიზაინის ცენტრალურ ინსტიტუტში, მხატვრული ტექსტილის კათედრაზე, ასე მგონია ხოლმე, რომ გეგონება ეს ყველაფერი სულ ახლახანს ხდებოდა, იმდენად მკაფიოდ, ნათლად ჩაიჭრილებს ხოლმე ჩემს გონებასა და ხსოვნაში იმდროინდელი ამბები, მოვლენები, ადამიანთა სახეები, განცდები...

ჩემს სამშობლოში, ჩინეთში, ზემოხსენებულ ინსტიტუტში ოთხ წელიწადს ვსწავლობდი. ეს იყო 1950-იან წლებში. ხოლო მერე კი გავემგზავრე ჩემი დედის სამშობლოში, საქართველოში და იქ, თბილისის სახელმწიფო სამხატვრო აკადემიაში გავაგრძელე სწავლა.მას მერე, 20-30 წელიწადში ჩინეთში დიდი ცვლილებები მოხდა, ქვეყანა გაიხსნა, ბევრი რამ შეიცვალა და მე მომეცა საშუალება კვლავ ვწვეოდი ჩემს მშობლიურ ინსტიტუტს. აქაც დიდი ცვლილებები დამხვდა. ჩემი სტუდენტობის დროინდელ პროფესორთაგან მრავალნი უკვე იმქვეყნად წასულიყვნენ, ზოგი ავადმყოფობდა... ხოლო ჩემი თაობის წარმომადგენლები, ჩემი თანაკურსელები,ზოგნი ამავე ინსტიტუტის პროფესორ-მასწავლებლები გამხდარიყვნენ, ზოგნი ქვეყნის სხვადასხვა ქალაქების უმაღლეს სასწავლებლებში მოღვაწეობდნენ, სახვითი ხელოვნების ნაირგვარ დისციპლინებში პედაგოგიური საქმიანობის ეროვნულ საუკეთესო ტრადიციების გაგრძელებას ემსახურებოდნენ. ჩემს არაერთსა და

ორ თანაკურსელს ხელოვნების სხვადასხვა დარგისა და ზოგადად კულტურის გამოჩენილი წარმომადგენლის სახელი მოეპოვებინა.

იმხანად, 1980-იან წლებში, პეკინის სახვითი და გამოყენებითი ხელოვნების სახელმწიფო ინსტიტუტის დირექტორი გახლდათ ქ-ნი ჩანგ შანა (Chang Shana), ჩემი სტუდენტობის დროს ასისტენტი რომ იყო. და, მართალია, უკვე ბევრ წყალს ჩაევლო, მაგრამ თანაგრძნობის, ურთიერთ მხარდაჭერის განცდა მაინც ღრმად გვქონდა შემონახული. ასევე ძლიერი იყო თითოეული ჩვენგანის სურვილი მშობლიური ალმა-მატერისათვის რაიმე სარგებლობა მოგვეტანა, მისგან ბოძებული სიკეთის წილ ჩვენც სიკეთე გაგვეცდო, მადლიერება გამოგვეხატა. ეს განცდა იმდენად ძლიერი იყო, რომ, მართალია მცირე, შეზღუდული ძალებით, მაგრამ დიდი მონდომებით ვესწრაფვოდით ამა თუ იმ იდეისათვის ხორცი შეგვესხა... ინსტიტუტის დირექტორთან, ქ-ნ ჩანგ შანასთან მოლაპარაკების შედეგად, სრულ ჰარმონიულ თანხმობას მივაღწიეთ, რამაც შესაძლებელი გახადა იდეის სისრულეში მოყვანა.

აი ასე და ამგვარად დასავლურმა მხატვრულმა გობელენმა მტკიცე ძაფები გააბა ჩინურ ხელოვნებასთან, თავისი ესთეტიკური მომხიბვლელობით, მშვენიერებით დაიწყო ფესვის გადგმა ახალ ნიადაგში და სულ მალე საოცარი სილამაზის ყვავილივით გაიფურჩქნა კიდევაც ჩემი ძვირფასი ალმა-მატერის ჭერქვეშ.

მეცადინეობებზე, რიგით გაკვეთილებზე, მასტერკლასებსა თუ შესვენებების დროსაც კი გივი მთელი თავისი არსებითა და მისთვის ჩვეული მონდომებით, ენერგიულად მიეცა პედაგოგიურ მოღვაწეობას. იგი თეორიულად და პრაქტიკულად ახორციელებდა სწავლებას, ხელგაშლით უზიარებდა თავის ცოდნა-გამოცდილებას. მისი მრწამსი ასეთი იყო: „ცალი ხელით მხატვარი, ცალით - ოსტატი". იგი თავისი შეგირდებისგან, სტუდენტებისგან მკაცრად მოითხოვდა ოსტატობას, ავალებდა მათ ყოფილიყვნენ ოსტატ-მქსოველებიც და ამავდროულად მხატვარ-ხელოვნებიც. არავითარი შეღავათი, არავითარი დათმობა მადალი აკადემიზმის წინაშე! ხოლო მე კი ნებაყოფლობით, მორჩილად ვასრულებდი ასისტენტისა და თარჯიმნის როლს. ინსტიტუტის ხელმძღვანელობამ გამომიყო რამდენიმე დამწყები პედაგოგი და ბ-ნ ლინ ლეჩენგსა (Lin Lecheng) და ქ-ნ ტენ ცინს (Den Cing) ასისტენტობა

დააკისრა. მათ იმავდროულად ევალებოდათ სტუდენტების გვერდიგვერდ მსხდარიყვნენ, რათა თავადაც დაუფლებოდნენ გობელენის ქსოვის ტექნიკას. მათ ასევე მოეთხოვებოდათ ადმინისტრაციული საკითხების მოგვარება, ანუ საქსოვი მასალის მომარაგება, ძაფების შეღებვა, სამეცადინო განრიგის, ლექცია-გაკვეთილების ცხრილების შედგენა და სხვა ტექნიკურ პრობლემებზე ზრუნვა.

ინსტიტუტის მხატვრული ტექსტილის სახელოსნოში ლამდამობითაც კი არ ქრებოდა შუქი. დღედაღამ არ წყდებოდა საქსოვ დაზგებზე ძაფის დაბეჭკის ბაგუნის ხმა. ყველაფერმა ამან ათ წელიწადში საუცხოო შედეგი მოიტანა. მხატვრული ტექსტილის საერთაშორისო ბიენალეს „ ლოზანადან პეკინამდე" გამართვისათვის მყარი საფუძველი შეიქმნა... ერთხანს მსოფლიოში სახელგანთქმულმა ლოზანას მხატვრული გობელენის საერთაშორისო გამოფენა-სიმპოზიუმმა, რომელმაც უსახსრობის გამო შეწყვიტა არსებობა, გადმოინაცვლა პეკინში. ეს დიდმნიშვნელოვანი ამბავი იყო! პეკინმა არა მხოლოდ შეინარჩუნა ამ ჩინებული ევროპული ტრადიციების მხატვრული დონე და ესთეტიკური ხარისხი, არამედ უკვდავყო დიდი ხელოვანის, სახელმოხვეჭილი მხატვარ-გობელენისტის, ლიურსას ხსოვნა. შეძლებდა თუ არა ახალი ბიენალე-სიმპოზიუმი ტექსტილისა და ქსოვის მსოფლიო ხელოვნების მიერ ადიარებული, მიღებული გამხდარიყო? შეძლებდა თუ არა ეს, ჩინეთისათვის ხელოვნების ახალი დარგი, ამგვარი რთული მისიისათვის თავი გაერთმია?! აი, ასეთი საკითხები მწვავედ დადგა ჩინეთისა და მსოფლიოს მრავალი ქვეყნის მხატვრული სამყაროს წინაშე. მაგრამ როგორც კი ეს საკითხები წამოიჭრა, ჩინეთის სამხატვრო საზოგადოებრიობა აქტიურად ჩაება მუშაობაში, დაწყებულ იქნა გეგმებისა თუ პროექტების შედგენა, იდეის სისრულეში მოყვანისათვის თავდადებული შრომა. და აი, წელიწადიც კი არ იყო გასული, რომ მხატვრული ტექსტილის ოსტატთა ოცნებას 2000 წელს ხორცი შეესხა! სიზმრად ნანახ, ნაფიქრ, ნაოცნებარ სინამდვილედ იქცა!

პეკინის ბიენალე-გამოფენა დღიდან დაარსებისა უკვე თერთმეტჯერ გაიმართა! გივი ყანდარელის მასტერკლასების მრავალი შეგირდი თუ მსმენელ-სტუდენტი ახლა უკვე ამ საერთაშორისო მხატვრული ტრადიციების უშუალო მონაწილეა. ისინი წარმოადგენენ თავიანთ მიღწევებს ხელოვნებაში,

უფრო მეტიც, ჩინეთში მოღვაწეობენ „გობელენის ხელოვნების" დიდოსტატები, საერთაშორისო აღიარების მქონე ხელოვანები. მათ შორის იგულისხმება ამ წიგნის ავტორიც.

იმ, შორეულ 2000-იან წლებში ჯერ კიდევ სტუდენტი, ქ-ნი უ ძინგი, დღესდღეობით მხატვარი-ხელოვანია, რომელიც რეგულარულად და დიდი წარმატებით მონაწილეობს როგორც ჩინეთში, ასევე მსოფლიოს მრავალ ქვეყანაში გამართულ გამოფენებში. ქ-ნი უ ძინგის ქსოვის ტექნიკა და გობელენის მხატვრულ-ესთეტიკური ხარისხი სულ უფრო და უფრო მოწიფული ხდება. ამასთანავე, იგი არ ჯერდება მხოლოდ პრაქტიკულ სახელოვნებო საქმიანობას და მას სამეცნიერო მუშაობასთან ათავსებს. ამჟამად ქ-ნი უ ძინგი ავტორია სადისერტაციო ნაშრომისა, რომელიც ასეა დასათაურებული: „გივი ყანდარელის გობელენის შემოქმედების შესწავლა და ანალიზი". აღნიშნული ნაშრომი თვალსაჩინოს ხდის ქ-ნი უ ძინგის თეორიულ ცოდნას და ანალიტიკური აზროვნების, გულმოდგინე, დაბეჯითებული შრომის უნარს. ამასთანავე, ნაშრომი წარმოაჩენს ახალგაზრდა მეცნიერის წერის დახვეწილ ლიტერატურულ სტილს. როგორც ძველი ჩინური ანდაზა გვაუწყებს „ფუნჯი ჰბადებს სურნელოვან ყვავილებს" (ჩინეთში უწინ ხომ მხოლოდ და მხოლოდ ფუნჯითა წერდნენ). ქ-ნი უ ძინგის სადისერტაციო ნაშრომი იკითხება გატაცებით, ძალდაუტანებლად, თუმცა ღრმა აზრითაა დატვირთული, საკვლევ საკითხში ღრმა წვდომის უნარს ამჟდავნებს. ცხადია, შემთხვევითი არ იყო, რომ 2019 წელს ცინხუას ხელოვნების უნივერსიტეტმა ქ-ნ უ ძინგის „წლის საუკეთესო სამეცნიერო ნაშრომის" პრემია მიანიჭა. ჩინეთის ერთ-ერთი საუკეთესო, ცინხუას უნივერსიტეტის საკონკურსო ჟიური, როგორც ცნობილია, შედგება ავტორიტეტული, ცნობილი მეცნიერებისგან, რომელნიც მკაცრ მოთხოვნებს უყენებენ მეცნიერთ, ჟიური იოლად, ხელგაშლით როდი არიგებს პრესტიჟულ ჯილდოებს!

ქ-მა უ ძინგმა არა მხოლოდ დღირსეულ დასასრულამდე მიიყვანა გივი ყანდარელის ხანგრძლივი, მრავალწლიანი შემოქმედების კვლევა. იგი შეეხო, აგრეთვე ჩინური ხელოვნებათამცოდნეობისათვის სრულიად უცნობ, 1950-1960 -იანი წლების მთელი რიგი სახელოვანი ქართველი მხატვრების შემოქმედებას. ამ ხელოვანთა შესახებ ჩინურ ხელოვნებათამცოდნეობაში

183

ხომ სტრიქონიც კი არასდროს დაწერილა! ყველაფერმა ამან ქართული კულტურის წარმომადგენელთა წრეებში ამაღლვებელი ემოციები დაბადა. ხელოვანები მოელიან ქ-ნი უ ძინგის ახალ წიგნებს, სადაც ავტორის მიერ საქართველოში მოგზაურობისას შეგროვილი მასალა და გივი ყანდარელის შემოქმედების შესახებ სადისერტაციო ნაშრომი იქნება წარმოდგენილი, ეს ყველაფერი პირველად გამომზეურდება! ასეთ წიგნზე მუშაობა ქ-ნ უ ძინგს უკვე დაწყებული აქვს.

მე გულწრფელ მადლიერებას გამოვთქვამ ქ-ნი უ ძინგის მიმართ, მის მიერ გაწეული რთული შრომისათვის, რომელმაც ესოდენ მნიშვნელოვანი, საინტერესო სახე შეიძინა. პირადად მე და ჩემი ოჯახის წევრების, ასევე ქართული მხატვრული საზოგადოებრიობის, ხელოვნებისა და ზოგადად კულტურის მოღვაწეთა სახელით მსურს მას დიდი მადლობა გადავუხადო!

მე ასევე მადლიერი ვარ, ცინხუას სახელოვნებო ინსტიტუტის ხელმძღვანელობის, პირადად პროფესორ ლინ ლეჩენგის, რომელმაც ქ-ნ უ ძინგს ურჩია რამდენჯერმე სწვეოდა გივი ყანდარელის სამშობლოს, საქართველოს, მის რეგიონებში, განსაკუთრებით კი კახეთსა და გარეკახეთში ემოგზაურა. მანვე გაუწია რეკომენდაცია, რათა უ ძინგს მიემართა დიდი ხნის ნაცნობი სპეციალისტისათვის, ხელოვნებათმცოდნეობის დოქტორის, პროფესორ სალომე ცისკარიშვილისათვის, რათა მას სადისერტაციო ნაშრომზე მუშაობაში ხელმძღვანელობა გაეწია. ქ-ნ ს. ცისკარიშვილთან მჭიდრო ურთიერთობამ   კეთილსაყოფიერი კვალი დაამჩნია სამეცნიერო ნაშრომს და ასევე ხელი შეუწყო უ ძინგის მოგზაურობას საქართველოში. როგორც ქ-ნი უ ძინგი აღნიშნავს, მისთვის დაუვიწყარია დისერტაციაზე მუშაობაში განვლილი დროც და ასევე თითოეული წუთიც, რომელიც მან გაატარა საქართველოში, მის გულისხმიერ, სტუმართმოყვარე, კეთილმოსურნე ადამიანებს შორის. დაუვიწყარიაო დედამიწის ამ კუთხის, საქართველოს, ბუნების მომხიბლავი სილამაზეო.

ქ-მა უ ძინგმა საქართველოში უამრავი მეგობარი შეიძინა. მე დამევალა ამ, ჩემს ბოლოსიტყვაობაში, თითოეული მათგანისგან უ ძინგისათვის გადამეცა მილოცვა დისერტაციის ბრწყინვალე დაცვის გამო. ასევე გამომეხატა მადლიერება როგორც უკვე დაწერილი წიგნის გამო და ასევე

იმის გამოც, რის დაწერასაც იგი გეგმავს.

2020წ. რაღაც განსაკუთრებული წელიწადი გამოდგა. პანდემიამ მთელ მსოფლიოს სახე შეუცვალა. ადამიანური ურთიერთობანი, ძალ̄ზე შეფერხდა, იმედია დროებით. ჩინელი და ქართველი მხატვრები კი ახლაც სიამოვნებით იხსენებენ ჩინური გობელენის გამოფენას, თბილისში, საქართველოს დედაქალაქში 2018წ. რომ გაიმართა. როდესაც პროფესორები ჭაო მენგი (Zhao Meng), ლინ ლეჩენგი (Linlecheng) და საქართველოში ჩინეთის სახალხო რესპუბლიკის სრულუფლებიანი ელჩი დი იენჩი (Ti Yanchi) ამ გამოფენას გეგმავდნენ, მათ ერთობლივად მიიღეს გადაწყვეტილება გამოფენისათვის გამორჩეული სახელი მიენიჭებინათ - „ეძღვნება სახელმოხვეჭილი ქართველი ხელოვანის, გივი ყანდარელის დაბადების 85 წელს". ეს ძალზე სოლიდური, მასშტაბური გამოფენა გახლდათ. საზეიმო გახსნის ცერემონიალზე დასასწრებად თბილისის ჩინეთიდან ეწვია მრავალი მხატვარი, სამხატვრო უმაღლესი სასწავლებლების პროფესორები, სტუდენტები და, რა თქმა უნდა, აგრეთვე, გამოფენის მონაწილე მხატვარ-გობელენისტები. გამოფენას უმასპინძლა საქართველოს სახელმწიფო ლიტერატურის მუზეუმმა, რომლის დარბაზებმა უშურვლად გაუღეს კარი. გამოფენილი იქნა ჩინური მხატვრული ტექსტილის, მხატვრული გობელენის მრავალი ჩინებული ნიმუში. თბილისური გამოფენა შეიქნა საუკეთესო ასპარეზი, სადაც თვალნათლივ იქნა წარმოჩენილი ორი უძველესი ქვეყნის და ამავდროულად ახალგაზრდა სახელმწიფოს კულტურათა ურთერთკავშირი, არაორდინარული მეგობრობის შედეგი. გამოფენაზე გამეფებული იყო ორი ქვეყნის წარმომადგენელთა ერმანეთის მიმართ ცხოველმყოფელი ინტერესის, ღრმა ესთეტიკური განცდის ატმოსფერო. ექსპოზიციის მთელი პერიოდის განმავლობაში თბილისის მკვიდრთა, დამთვალიერებელთა ნაკადი არ შეწყვეტილა და როგორც ისინი აღნიშნავდნენ, გამოფენამ მათზე წარუშლელი შთაბეჭდილება მოახდინა.ასეთი მხატვრულ-ესთეტიკური ღონისძიებანი ამდიდრებს ადამიანთა არა მხოლოდ შთაბეჭდილებას, არამედ ხვეწს მათ სულიერებას, მეხსიერებაში იმკვიდრებს ადგილს, სხვადასხვა ერის კულტურათა წარმომადგენლების შორის მეგობრული ურთიერთობის დამკვიდრებას ემსახურება. ამ ყველაფრის განცდა ძალზე სასიამოვნო იყო.

მინდა ვუსურვო ქართულ-ჩინურ მეგობრობას მრავალჟამიერ სიცოცხლე!

ლიუ-ყანდარელი გუანგვენი

თარგმნა რუსუდან ქუთათელაძემ

衷心感谢导师林乐成教授，第比利斯国立伊利亚大学萨罗美·兹茨卡里施维里（Salome Tsiskarishvili）博士，基维夫人刘光文先生，基维家族成员和中国、格鲁吉亚各位师长、同仁和朋友们对此书出版提供的关心和帮助！